Ⓢ新潮新書

野地秩嘉
NOJI Tsuneyoshi

トヨタ 現場の「オヤジ」たち

768

新潮社

トヨタ　現場の「オヤジ」たち　目次

プロローグ

秘湯・鍛造温泉

愛知県豊田市にあるトヨタ自動車の本社工場。鍛造工場には従業員が入浴できる風呂がある。「鍛造温泉」と看板がかかった浴場で、ほぼ24時間、いつでも入浴することが可能だ。広さは一般的な銭湯の2倍。天井も3メートルもある。ステンレスの浴槽が3つあり、一度に70人が入浴できる。深さもある。仕事で疲れた後、手足を伸ばして、湯のなかにつかれば極楽だ。

自動車工場とは複合工場であり、通常は鍛造、鋳造の他、プレス、溶接、塗装、エンジン、機械、組立といった工場がある。ただし、現在、トヨタの本社工場にあるのは鍛造と車体工場だけだ。組立などのラインは他の工場にすでに移管されている。

鍛造は1000度以上に熱した鉄を叩いたり、上下からプレスしたりして部品を作る。

エアコンが効いている現在はまあ過ごしやすい環境になったが、昔は高温と熱気、騒音、煤煙がうずまく3K職場の典型だった。

トヨタ自動車の副社長で、現場のモノ作りを担当する河合満は毎朝、午前6時過ぎには出社し、すぐに鍛造温泉に入る。風呂に入ってから仕事をして、夕方、帰る時もひとっ風呂浴びる。彼の仕事は風呂から始まり、風呂でひと区切りとなる。鍛造温泉には河合のロッカーがあり、洗面器、シャンプー、石鹸などが置いてあり、座る場所もほぼ決まっている。

売り上げ27兆6000億円、従業員37万人のトヨタに副社長は6人。うち、ひとりはフランス人。6人のうち、5人は大学を出ている。世界の自動車会社を見ても、経営陣は、ほぼ100パーセント大学を出た人間だろう。

だが、河合は違う。彼の学歴はトヨタ技能者養成所（現・トヨタ工業学園高等部）卒業。当時はまだ高校ではなかったから、本来の最終学歴は愛知県東加茂郡松平村立（当時）松平中学校卒業になる。中卒の副社長なのだ。

さて、風呂につかりながら、河合は言った。

「会社人生、55年になるけど、毎朝、必ず、風呂に入っている。鍛造工場は昔は油煙がすごかったからね。作業服が真っ黒になった。だから、うちには洗濯機がふたつあったんだよ。ひとつは家族が着る服を洗う洗濯機。もうひとつはオレの作業着を洗う洗濯機。風呂もオレが入ると、お湯が真っ黒になったから、会社の風呂に入ることにしたんだ。でも、こっちの方が広いし、熱いし、気持ちがいい。むろん、うちにも風呂はあるけれど、会社に出勤した日は入ったことはないな」

風呂へ入った後、彼は鍛造工場に隣接した事務所の個室に入る。本社の事務棟には立派な副社長室があるけれど、そこにいることはまずない。

来客を受け入れる時だけ、出かけていく。彼にとってスーツは正装ではない。正装は55年間、愛用している現場の作業服だ。

「風呂だけじゃないよ。昼飯も構内にある食堂で食べている。現場の仲間と同じものだ。本社の役員食堂でもたまに食べることがあるよ。うん、塩分は控えめになっている。現場の食堂はしょっぱい。でも、その味に慣れているから、こっちの方がおいしく感じるんだね。鍛造の現場は汗をかくでしょう。僕らは岩塩をなめながら汗をだらだら流して、鍛冶屋の仕事をしていたくらいだから、しょっぱい味が好きなんだ。

汗をかくから、ほんと、風呂は楽しみだった。鋳造の現場の人間が『お前ら鍛造が入ると湯が油くさくなる』って言うから、こっちは『何言っとる。お前らが入ると砂が風呂に入る。早く出てけ』といっつも言い合いになってた。鋳造って、砂で作った型に真っ赤に焼けた鉄を流し込むから、舞い上がった砂が体に張り付く。鋳造も鍛造も自動車工場のなかでは縁の下の力持ちみたいな仕事で、大変なところは一緒ですよ」

裸のつきあい

「オレたちいまでも裸のつきあい〜」

何の曲かわからないけれど、河合は浴槽から出て、イスに座り、うたいながら、シャンプーで髪の毛をごしごし洗っていた。

わたしもその日、鍛造温泉に招待を受けたので、一緒に風呂に入った。隣のイスに座って、体を洗った。

洗い終わった河合はまた浴槽に入り、熱い湯につかって、じっとしていた。しかし、わたしを見つけて、お湯をかき分けて、そばに寄ってきた。立ち上がって、わたしにも立ち上がれとうながす。

彼はわたしの下半身を見下ろしながら、自信をもって言った。

「くらべっこしてみる?」

河合満。70歳。トヨタの現場では尊敬を込めて「オヤジ」と呼ばれている。「オヤジ」とは現場で働く、組長、工長のことで、大卒の管理職ではない。

生産現場は「オヤジ」が仕切る。「オヤジ」がひとこと右と言えば、全員、右を向く。トヨタのモノ作りの全責任を負っているのは「オヤジ」で、「オヤジ」が現場を動かしている。

河合はトヨタの「オヤジ」のなかでも、筆頭だ。「オヤジ」のなかの「オヤジ」だ。

だが、その「オヤジ」は今もなお、風呂に入ると、くらべっこをせずにはいられない。

1　トヨタが地方企業だった頃

トラック製造会社

トヨタ自動車の創業は1937年8月28日。織機王、豊田佐吉の息子、豊田喜一郎が「日本人の頭と腕で自動車を作る」ことを志し、父の会社、豊田自動織機のなかに自動車部を興し、前述の年に独立した。

当初、悪戦苦闘し、資金は底をつき、応援者は少数しかいなかった。だが、喜一郎は国産自動車を作るために頑張った。苦闘しながらトラック、乗用車を開発し、やっと会社が立ちゆくかと思ったら日本は戦争に突入。トヨタは軍需用トラックの製造会社になった。

戦前から戦後のある時期まで、トヨタが手掛けていたのはトラックだった。乗用車は戦後のモータリゼーションまでほとんど需要がなかったのである。

そして、彼らが作っていたトラックも、アメリカ製に比べると決して質が高いとは言えなかった。自動車は鉄、ガラス、ゴム（タイヤ）、電装品などのすそ野産業が育っていなければ成長できない。喜一郎はないないづくしの環境から自動車会社をたち上げ、鋳造品、鍛造品からシートやガラス製品まで内製したのである。

戦中、軍需を担っていたトヨタはアメリカ軍の目標となり、敗戦の前日にはB29が本社の鋳造工場に爆弾を落としている。

苦闘を続けたトヨタがやっと会社らしくなったのは戦後で、しかも、労働争議（1950年）の後だ。朝鮮戦争の特需とその後のモータリゼーションの進展で、自動車は売れ、同時に技術開発、生産技術を向上させていった。河合が入社し、現場に身を置いたのはちょうどモータリゼーションの時代だった。

そして、トヨタは現在、国内に12工場、海外には28カ国、51事業体を置いている。

生まれた頃、育った頃

河合が生まれたのは1948年だ。トヨタは細々とトラックを作っていた地方企業に過ぎない。

また、彼が育った昭和30年代前半は高度成長の少し前で、新幹線はもちろん走っていない。テレビの普及率は次のようになっている。１９５８年（昭和33年）が16％で、５年後の１９６３年（昭和38年）は91％。むろん白黒テレビである。地方ではＮＨＫと民放が1局もしくは2局だけ。子どもたちの遊びと言えば家のなかではなく、田んぼや畑であり、野原であり、そして山や川だった。

【河合の話】

真面目に働け

生まれたのは愛知県東加茂郡松平村。あの辺には、今も昔も変わらない、素朴な風景が残っている。まわりは水田と桑畑。米と養蚕が主産業ですよ。父親は新蔵、母はキク。どちらも大正生まれで、おふくろは今、96歳。

「満、真面目に働け」と最近もまだ怒られる。

親父は私が9歳の時に食道がんで亡くなったんですよ。

親父は終戦後、トヨタの本社工場の修研チームで働いてました。修研とは作業に使う道具を修理したり、切削道具を研ぐチームのこと。トヨタにはトヨタ生産方式というものがあって、あとで詳しく説明しますが、作業に使う道具は集中して研ぐようになっている。それ以前はそれぞれの職人が「自分の道具は自分で研ぐ」と言っていたのを、副社長までやられた大野耐一さんがやめさせて、専門チームが研ぐ方式に変えたのです。

僕が覚えているのは親父がトヨタ病院に入院していたのを、おふくろと一緒に見舞いに行ったことです。4キロくらいある道のりを自転車でこいで行くんです。アップダウンがある道で、電灯もない砂利道をふたりで走っていく。車とすれ違うなんてことはないですよ。自動車なんてぜんぜん走ってない時代ですからね。

そういえば近所にちょっとした小高い山があって、そこでトヨタのトラックが布袋、砂袋をいっぱい積んで、走行テストをやってたのを見たことがある。馬力がなかったから、すぐに穴にハマって登れんようになっていた。走行テストを見るのは楽しみでした。あの頃はまだトヨタは乗用車を本格的に作っていなかったから、トラックが主製品だったんですね。

親父が亡くなってからはおふくろが畑をやったり、勤めに出たりして生活しました。金持ちではなかったけれど、貧乏だと意識したことはなかった。あの頃の田舎では、誰もが似たような生活のレベルだった。

小学校の時は勉強なんかしてませんよ。友だちに「学校終わったら、神社でソフトボールやるぞ」って遊んでばかりいたんだから。あの頃は野球のグラウンドなんてないです。お宮の広場に三角ベースを作ってやるんだけれど、ボールは1個かせいぜい2個。山の中にボールが飛んでいくと、日が暮れるまでみんなで探したもんです。バットだって1本しかなかった。折れると釘打ったり、テープ巻いたりして、修理していた。バットを直したりするのは得意だった。

子どものころから工作は好きだった。その辺にあるもので、いろいろなもの作ってたんだ。ゴーカートも自作しましたよ。ただし、動力はない。紡績工場で使っていた丸い木の輪っぱがたくさんあったから、それをタイヤ代わりにして、山で切ってきた真っすぐなカシの棒を通して、上に木の台を載せて、坂道をだーっと走る。あれが最初に作った自動車だったな。トヨタの車じゃなかったけど。

遊びは大きな子もちっちゃな子もみんな一緒だ。ちっちゃい子が泣いてたら、「おい、ちょっと背負って、あやしてやれ」とか命令していた。子どもにとって兄弟の世話は仕事でしたよ。赤ん坊を背負って、バッターボックスに立ってた子もいたんだよ。

田植えが終わると、どじょうがいっぱいいたから、夜になるとカンテラを提げて、どじょうをつかまえて、うちに持って帰って食べたり……。でも、みんなでどじょう捕りすると、あぜ道がぐちゃぐちゃになっとるでしょう。次の日の朝、大人に呼び出されて叱られました。

でも、みんなで助けあって、リーダーは小さい子を守って連れていくとか、そういう心配りというか気づかいがあった。チームワークで遊んだわけで、今でもうちの工場で、もっとも大切にしているのはチームワークです。それが大切なんです。厳しいだけ、過酷なだけじゃ、人間は仕事なんかしませんよ。職場にあたたかいものがあるから過酷な仕事にも耐えていける。

そういえば、あの頃、立ちションなんて当たり前だよ。今の子どもはしたことないかも知らんけど、田舎だったら当たり前。子どもたちで列を組んで、肩をいからして、口笛吹いて歩いてたね。自転車でもオートバイでも車でも、運転すると口笛を吹く人がいたんです。あれ、どうしてなのかね。

トヨタの養成工

さんざん遊んだ小学校時代の後、河合は地元の松平中学校に進む。ここでも「勉強はしなかった」。工作と遊びに徹していた。しかし、3年生になると進学しなければならない。1962年、彼が中学校3年生だった頃の高校進学率は64パーセントで、大学への進学率は12・8パーセントである。

なお、現在は高校への進学率は98・1パーセント、大学は57・3パーセント。当時、まだまだ高校へ行かない生徒がクラスの4割近くもいたのである。

【河合の話】

おまえみたいなやつが入れるわけがない

勉強はしなかったから、そりゃ成績もよくはなかった。中学を出たら就職するつもりだった。だけど、おふくろは泣いて「満、とにかく高校だけは出てくれ」と。僕は寿司屋か大工だな、と思っていた。モノをつくるのが大好きだから、そういう仕事に就きたかったんだ。おふくろの親父、つまり、うちのおじいちゃんは大工で、僕はしょっちゅう遊びに行っていた。自宅には大工道具がたくさんあるでしょう。おじいちゃんが「満、欲しいなら、古くなったやつをなんでも持ってけ」と。それで、かんな、のみ、のこぎりをもらってきて、自分で使っていたんです。鉄の刃物でステンレスではなかったから、ちゃんと研いでおかないとすぐに錆びる。

ちなみに、日本刀、のこぎり、のみ、かんな、すべて鍛造品です。粘りがあって強い鉄で、日本刀なんかはまさしく鍛造でなきゃいかん。鋳造した鉄は硬いけれどもろい。ただ、鋳造は鉄の流し込みだから、複雑な形ができる。エンジンブロックは鋳造品です。

それで、おじいちゃんからもらった大工道具で、ゴーカートを作ったり、いろいろな道具をこしらえて遊んでいた。

まあ、うちには妹が2人おったでしょう。オレが金を使って高校へ行くと、妹たちの分がなくなるとも思ったんで、働くと言ったんだ。

あの頃、松平中学を卒業した人のうち、3割か4割は就職でした。大学なんてもう、松平中学校の同級生、150人のなか数えるぐらいしか行かなかった。だから、僕も就職するのが当たり前で、別に肩身が狭いなんてちっとも思わんかった。

だが、おふくろはずっと泣いてるし。どこか働きながら行けるところはないかと考えていて、はたと思いついたのがトヨタの養成工（豊田工科青年学校の通称・1962年にトヨタ技能者養成所に名称変更）だった。トヨタなら親父が勤めていた会社だし、おふくろも許してくれるだろう、と。それに養成工は3年間で学科が半分で実習が半分、しかも給料をくれる。高校と一緒だけれど、当時は高校卒の資格はなかった。いまはトヨタ工業学園って、ちゃんとした高校です。

中学校の担任、進路指導の先生に「僕はトヨタの養成工に行きたい」と言ったんですよ。そうしたら、「何を言っとる。お前みたいな勉強しよらんやつは絶対に行けん。あきらめろ」……。確かに、トヨタの養成工って、難しいところなんですよ。そりゃ、僕が入った年はよくなかった。なんといっても、オレが入ったくらいだから。でも、その4～5年前まではすごくレベルが高かったんですよ。入所してから、通信課程で高校や大学の卒業資格を取るような人もいたんです。

養成工の先輩たちは、愛知県でもトップクラスの高校に行くぐらいのレベルだったんだ。

「おまえみたいなやつが入れるわけがない」と先生に言われて、落ち込んだけれど、

「くそっ」と思った。その日から徹夜で勉強して、試験の当日、一生懸命、答えを書いたら、通った。たぶん、下から数えた方が早いと思うよ。うん、びりっけつではなかったとは思うが、それに近い。

2　15歳の新入社員

「チームメンバー」

河合が入所したのは1963年。東京オリンピックの前年である。当時、トヨタ技能者養成所は本社のなかにあった。同社の社長だったのは三井銀行から来た中川不器男。その次の社長が中興の祖と呼ばれ、アメリカの自動車殿堂に入った第五代、豊田英二である。

養成所の生徒たちは社長や役員の顔をたまに見ながら通学し、集合教育を受けた後は本社工場で実習だった。会社の勤務カレンダーと同じ休暇設定のため、普通の学校の夏休み、冬休み、春休みは実習となる。一人前の戦力とはいかないまでも、工場にいる作業者の半分くらいは会社に貢献していた。

ちなみに、工場で働く人のことを工員、労働者と新聞、雑誌は書いている。しかし、実際に現場で働く人を「工員」「労働者」と呼ぶメーカーはない。トヨタでは戦後すぐから作業者と呼んでいる。また、トヨタの工場ではアメリカでも作業者をワーカーとかアソシエイトとは呼ばない。等しく「チームメンバー」と呼んでいる。

また、工員、労働者と書くのと同じく、新聞ではメーカーに部品を納める会社を「下請け」と切って捨てるように書く。しかし、これもまたメーカーの人間が「おい、下請け」と声をかけることはあり得ない。協力会社と呼んでいる。下請けと呼ばれて、にこにこしている会社の社長はいない。

河合に限らず、実際に現場で働いている人間はマスコミの取材者が工員さんとか下請けという言葉を使うと、敏感に反応する。そういう取材者に彼らが本当のことを話すことは絶対にない。

【河合の話】

本気でやめたいと思った時

養成工（出身者はそう呼ぶ）に入ったのは15歳でした。

当時の給料は、1年生で1500円だったかな（同じ年の大学卒の公務員初任給は1万7100円）。2年生は2000～2500円、3年生になると3000～3500円でした。他に賞与もありました。15歳で、しかも半分しか働かない割には結構な額をもらっていたと思います。

養成工に通っていたのは、寮生と自宅からの通学生が半分半分でしたね。僕は最初は自転車、途中からオートバイを買って、それで通学していた。

そういえば入所の試験で「トヨタの車の名前を書け」という問題があって、書いたのはクラウンとコロナとパブリカ。だって、まだカローラは出ていなかったからね。カローラが出たのは僕が養成所を出た1966年です。

養成工では、いろいろな工場の現場に入って、先輩たちがやっていた手作業を実際に体験するんです。中学を出てすぐの15歳でしょう。先輩たち作業者は誰もがおっかない感じでしたよ。特に鍛造の現場はね、もうコワかった。真っ赤に焼けた鉄を鍛造プレス機で打つ。

鍛造で作るのは重要部品。エンジンのクランクシャフト、コンロッド（コネクティングロッド）、足回りのナックル、ミッションのギアなど。止まる、曲がる、走る、自動車の大事なところですよ。

でも、当時の環境は最悪。先輩が扇風機に向かい、汗をだらだら流しながら、塩をなめて仕事をやってました。真っ赤になった棒材をかね（鉄）の箸でつかまえて、それをスタンプハンマーって、大きなハンマーで叩いたりして成形していました。それだけで、ああ、ここに来ちゃいかんと思った。

1年生のときに、いろいろな部署の見学があるんですよ。組立、鍛造、鋳造、機械工場など。ひと通り、見学をして、1年の終わりに希望を出す。1番から3番目ぐらいまで自分で書いて出す。

鋳造、鍛造は暑いし、火の粉はぽんぽん飛んでくるし、とにかく怖いというイメージがあった。自動車を作るというイメージではないんですよ。製鉄所みたいなものだから。

鋳造は湯（溶けた鉄）で火花が出てるし、煤煙がひどくてなかはまったく見えない。鍛造へ来ると、今度はばんばん音がすごい。プレスやハンマーで真っ赤な鉄を叩いてた。よし、オレはどんなことがあっても鋳造、鍛造だけは絶対行かないと決めた。

1年生の最後、配属先の発表があるというので、講堂に行って並びました。180人の同学年がみんな集まってましたよ。クラスごとにやるんで、「1番誰々、技術部自動車整備工」と発表される。

技術部って人気が高かったんだ。技術部がやるのは車の評価とか開発、整備、試作。テストドライバーになる人もいたからね。配属先は、成績もある程度は関係があったのだろうけれど、その人の適性かな、やっぱり。

僕は第1希望が自動車整備工で、2番目が機械加工、ミッションなどを作る工場でした。3番目は組立工場かな。組立って、部品をアッセンブルして自動車を作るから、車を作ってる感じがする。鋳造と鍛造なんて、書くやつはいなかったと思うよ。考えることはみんな同じ。

ただ、組立は秒単位で働かなきゃいけない。鋳造、鍛造は機械1台に3人ぐらいついて「さあ、やるぞ」といった職人仕事だから、まだ余裕がある。組立は組立で時間に追われるから、決して楽な作業ではない。

ひとつの部署には10人から12人くらいが配属される。途中から「鍛造」に配属がどんどん出てきて、5人くらいの名前が出た。僕の前に並んでいたウエダってやつが「鍛造工を命ずる」って言われたんで、僕は連続で同じ職場にならないだろうと「よーし」と思って、にこっとしたんだよ。そうしたら、すぐに「河合満、鍛造工」って言われて……。

「えーっ」、もうしょげてしまって、ものも言えない。

うちに帰ってすぐ、おふくろに「オレ、会社やめるわ」。そうしたら、おふくろが、「せっかく入ったのに、何でやめるんだ、やめることだけはダメ」とまた泣かれてね。でも、「やめる」と言い張った。

そうしたら、死んだ親父の弟、つまり、おじさんがうちにやってきた。うちのおじさんもまた本社の機械工場にいたんですよ。おじさんが飛んできて、「おまえ、鍛造だからって絶望するな」って。

「満、何とか我慢して、頑張れ、そのうちにまたローテーションもあるから」と言われてね。おじさんだけでなく、死んだ親父の上司まで訪ねてくるんだよ。そうなると、考え直さざるを得ない。

もし、自分がやめたら、この人たちに迷惑がかかる。どうしようか。

わかった。やってやる。オレは鍛造に入る。こうなったらやけくそだ、と。それで鍛造で働くことに決めた。

会社に入ってからも、「仕事、やめるぞ。オレは」って冗談で口に出したことは何度もあるよ。でも、本気でやめたいと口に出したのはその1回だけだった。

3　鍛造工場という現場

10年で10倍

河合が養成所を出た１９６６年。トヨタから大衆車、カローラが発売された。日産のサニーが出たのも同じ年である。モータリゼーションが始まり、この時から一般の人々が自家用車を買うようになっていく。そして、日本のモータリゼーションはすさまじい勢いで進んだ。

１９６２年、創業から25年でトヨタが作った車は累計で１００万台を突破した。ところが10年後、生産は1千万台に達している。

１００万台を作るのに25年かかった会社が、９００万台を10年で作ってしまったことになる。

当初は本社工場と元町工場のふたつしかなかったのが、１９６５年以降、上郷工場

（65年）、高岡工場（66年）、三好工場（68年）、堤工場（70年）と一気に４つの工場を建てている。トヨタにとっても、河合たち現場の人間にとっても、疾風怒濤の日々と言えるのがモータリゼーションだった。

河合が今も事務所を置いている本社工場は戦前１９３８年にできた総合自動車工場で、元は地名にちなんで挙母（ころも）工場といった。

挙母市は１９５９年、豊田市に改称し、それに伴い挙母工場も翌60年に名称を変更している。その後、鋳造、塗装などを他の工場に移し、現在、本社工場にあるのは鍛造と車体工場である。鍛造部品、ハイブリッド車に使う部品などの生産をしていて完成車を作っているわけではない。

自動車工場にはいくつもの工程があり、工程がある場所も工場と呼んでいる。すなわち、プレス工程がある建屋がプレス工場、同じく溶接工程がある建屋を溶接工場と呼ぶ。一般に自動車の製造は、大きく分けてボデーライン、樹脂成形、エンジンの３つの工程からなる。

ボデーラインでは鋼板をプレスして車の外形を作る工程から始まり、溶接、塗装、組立、検査と続く。樹脂成形はバンパー、インパネといった大型のプラスチック製品を射出成形して作る。樹脂成形品は組立工程で車に取り付けられる。

エンジンは車の中枢部品だ。鋳造、鍛造、機械加工、エンジン組付けの工程からなる。できあがったエンジンは組立工程で車に積み込まれる。鍛造部品とはエンジンに組付けられたものの他に、足回りにも使われている。

トヨタの本社工場にある鍛造工場では1日に18万2000個の部品を作り、総重量は320トン。3課に分かれていて、288名が現場で働いている。その他、事務スタッフ、保全人員を含むと440名の従業員を擁し、自動車用鍛造部品では日本では愛知製鋼に次ぐ規模となっている。

同社で他に鍛造部品を生産しているのは三好工場、衣浦工場である。グループ会社では愛知製鋼がある。海外の工場で、鍛造工場があるのはポーランドのトヨタモーターポーランド（Toyota Motor Manufacturing Poland SP.zo.o.）、天津豊田汽車鍛造部件有限公司TTFC（中国）、ブラジルトヨタ（Toyota do Brasil Ltda.）の3カ国だけだ。タイなどの工場では現地で協力会社が生産したものを使っている。

そして、もう一度、鍛造についてである。鍛造とは、金属を叩く（鍛える）ことによって成形する加工法のことだ。日本刀のようにハンマーで何度もたたくものもあるが、自動車部品などの場合は真っ赤に焼いた鉄を金型（かながた）で圧縮（プレス）することの方が一般的だ。金型を使うことによって大量生産が可能となったが、それでもなお鋳造品よりも鍛造の方がコストはかかる。

鍛造品は自動車部品で言えばコネクティングロッド、ステアリングナックル、クランクシャフトといった重要部品になる。

伝説の工長

さて、ここでは鍛造現場の歴史を知っておくために、河合よりも先に入社した「伝説の工長」、太田普蕃（ひろしげ）の話を紹介する。

工長とは現場の職位だ。作業者、班長、組長、工長となる現場では、いちばん上の職位だ。工長の上からは管理職となり、課長、次長、部長、役員。

班長が持つ部下の数は河合たちの頃で14〜15人。現在は5〜6人から10人。組長は班を3つくらい持つ。工長もまた組を3つくらい持つ。1班を6人とすると、組長は約20人、工長は60人くらいの部下を持つことになる。

課長より上の管理職は大学卒の人間が多く、河合のような技能系と呼ばれるたたき上げの人間が到達する最高の役職は工長だった。課長まして部長にまでなるのは千人にひとりと言われたのである。だが、河合は「千人にひとり」の難関を軽々と突破して、役員、専務、副社長になってしまった。

話を伝説の工長に戻す。太田は1943年の入社で養成所の5期生だった。戦前の生産現場に入社した技能系でありながら、次長の上の参事にまでなっている。

そして、太田は河合のことを可愛がっていて、「あの子は昔からようやる子だった」と言っている。

【トヨタOB太田普蕃の話】

敗戦前日のB29

生まれたのは奥三河の鳳来寺山のふもとでした。中学は行ってません。尋常高等小学校です。生まれたところは今は新城市になっていますが、当時は愛知県南設楽郡鳳来町でした。学校は地元の七郷一色小学校です。もう廃校になりましたけれど。

私の父親のいとこがトヨタにおりましてね、それでトヨタに入ったんですけど、もしそうでなければ豊川にあった海軍工廠に入っていたと思います。友人の何人かは海軍工廠に行きましたが、全員、空襲でやられました。私ひとり、トヨタに入って命拾いをしたようなものです。

トヨタでの配属は鍛造でした。みんなが敬遠する職場で、養成工でも4期までの人で鍛造に入った者はほとんどが辞めました。だから、私は1期生扱いでしたね。

鍛造工場では石炭を焚いて鉄を加熱していました。工場のなかは煙でもうもうですよ。何か具合の悪いことがあって、怒ると、真っ赤に焼けた鉄を足元に放ってくる職人もいましたね。私たちはまだ子どもでしたから、ほんとに怖かった。あの頃の工場は町の鍛冶屋みたいなものですよ。実際、私たちは鍛冶屋の親方に2年間教えていただいて、3年目から工場の現場で仕事をやりました。

熱した鉄を、横座（熟練工）と先手（補助役）の組み合わせで加工するんです。炉のなかに入れた鉄は、何度になっているかわからないので、勘で取り出すしかありません。焼き過ぎると、足元に火花が飛んでくるからやけどします。鉄をはさんだ工具がゆるんで足元に鉄が落ちてくるなど、いろいろなことがありました。そういえば自分たちの技能を鍛えるために、刃物を作ったこともありました。包丁や鎌を作って、疎開先で売ったこともあります。

戦時中でしたから寄宿舎に寝起きして、起きる時は起床ラッパです。軍歌を歌いながら行進して生産現場へ行く。戦時訓練もありました。匍匐前進やら、藁人形を銃剣で刺したり。今思えばあれは人殺しの訓練ですよね。

敗戦の前日、私は鉄兜をかぶって監視班の仕事をしました。監視班とは空襲警報が発令された後、皆さんがちゃんと避難したかどうかを監視する役です。

ですから、私ひとり防空壕の外に立っていなければならない。空襲警報が鳴ったら、「避難しろ」と怒鳴るんですけれど、私は外です。空襲警報が鳴りました。空を見たら、銀色のB29が飛来してきた。見ていて方角がずれたなと思ったら、きゅっと向きを変えて、こっちへやってきたんです。ひゅるひゅるひゅるっと、ものすごいいやな音がしたもんですから、私は思わず防空壕の中へ飛び込んだ。耳と目を押さえて中に入った途端にドーンと音がして、鋳造工場に爆弾が落ちました。あれもまた命拾いですよ。B29ってのは不気味な爆撃機でした。

鍋や釜を売って生活していた頃

トヨタがいちばん苦しかったのは昭和25年（1950年）の朝鮮戦争の前でした。労働争議で人員整理があった時ですよ。会社も金がなくて、給料が払えんから、鋳物で、アルミの鍋や釜を作って、それを給料代わりに従業員に配ったんです。私もアルミの鍋をもらって……。丈夫ないい鍋でしたから、まだ使ってます。行商もやりましたよ。金がないから、会社に行かずに鍋や釜を売って生活していました。

労働争議の後、鍛造で作っていたのはミッションの部品ですね。当時は蒸気ハンマーですよ。ピストンの先に重りがついておって、てこの原理で鉄を打つ。自動のハンマーじゃなくて、重りのハンマーでした。足でペダルを調整しながら打つんです。ハンマーですから、ドンドンと打つわけです。

振動と騒音でうるさいからみんな大声でしゃべる職場でした。普通にしゃべっていても、みんな、喧嘩しとるような言い方でしたよ。騒音と埃と熱しか覚えておらんですね。

それが次第にハンマーは消えていって、鍛造プレスに変わっていったわけです。何度も打つのでなく、型に入れて一度で打つ。鋼材もよくなったから、何度も打って鍛える必要がなくなったわけです。

かね（鉄）を焼いて加工しやすい温度は1200度、大体1220〜1230度ね、これが一番いい温度ですよね。最初のうちはコークスで焼くわけです。炉の温度は1500度ぐらいで、そこからほんの1メートルか2メートルぐらい離れたところから、かねの棒で、焼いたかねの部品を引っかけて流す。昔はコンベアなんちゅうもんはなかったから、鉄板でできた樋（とい）へ流してました。

夏になると、最初のうちは水をがばがば飲んで、岩塩をなめて仕事をやってるんです。汗が出とるうちはええけども、そのうちに汗も出にくくなってくる。そうすると、目の前が暗くなってきてね、ぶっ倒れて、外へ出て、工場の裏にある桜の木の下で休ませてもらってね。だから特殊作業手当がつきました。加えて、食事も昼に2食分食べさせてもらいました。食堂で、私たちだけは2倍、食べるわけです。

「オヤジさん」

組長、工長になった頃から私のことを「オヤジさん」と呼んでくれる部下が出てきました。自分は怒鳴ったり、厳しく指導したことはありません。部下には「経験は宝。やってみなくてはわからんよ」といろいろ試してもらうようにしました。現場では人間関係、チームワークが大事なんです。人は自分で「やってやろう」と思って仕事をしないと、危ないし、生産性も上がりません。部下の仕事をよく見ないで、机の上の計画だけを押し付けてくる上司には抵抗しましたし、その人の言うことはみんな聞きませんでした。工長時代かなあ、職場が近代化されていって、きれいになって、騒音もなくなって、コークスで焼いていたのが高周波（電磁誘導で表面を焼き入れする）で熱する機械に変わって驚きました。職場がよくなっていったのはそれは嬉しいことですよ。

河合くんが専務、副社長になったのは私たち現場のものにとってはありがたいことです。現場を評価してもらったのですから。

しかし、思えばみなさんが私を慕ってくれました。慕ってくれて私は幸せでしたわ。私そのものの手柄ではありません。いい上司と部下に恵まれて、ほんとに幸せでしたけどね。

河合の職場、鍛造工場の内部は大きく、天井の高い空間だ。広さはちょっとしたアリーナくらいもある。いまは煤煙、熱気はない。騒音はあるけれど、耳をふさぐほどではない。自動ラインで鍛造が進み、ライン自体がケースの中に入っている。周りに火花が飛んでくることはない。鉄に熱を加えるのも高周波だから、煙は生じない。

ただし、手作業の部分も残してある。それはロボットの性能を上げるためだ。ロボットは人間がやったことを真似る。人間の技能が上達しない限り、ロボットの性能はよくならない。

【河合の話】

夏は暑いし冬は寒い

鍛造の職場に入って、はーっと大きなため息をついたら、先輩に怒られた。だってね、僕は車を作るためにトヨタに入ったんだ。それが真っ暗で、煙がもうもうのところで、鉄を真っ赤に焼いているわけでしょう。話が違うと言いたかった。

養成所の実習で、いちばん楽しかったのはエンジンをばらしてもう一度、組み上げることでした。当時のエンジンは誰でもばらせるんですよ。今のエンジンは電子制御ばかりだから、触ったら復帰させるのは難しい。組立の実習は楽しかった。自動車を作る喜びに浸りました。それが配属は鍛造でしょう。うるさいし、煤煙はすごいし、暑いし。夏はもうとんでもなく暑くて、大きな扇風機に上から水をぽたぽた落としてミストにしたんです。僕の提案なんですけれど、あれ、特許を取っておけばよかった。

冬はまたこれが寒いんだ。鍛造工場は煤煙がすごいから、建屋が吹きさらしの構造になっている。シャッターなんてなくて、風がびゅうびゅう吹き込んでくる。エアコンなんて、そんなものはありゃせんよ。

暖かくなるには火鉢を使うんだ。炭を1週間に1俵ずつくれる。それで暖を取る。もしくは炉のそばに行って温まる。

「このまま、一生、鍛造にいるのか」と思ったら、そりゃ、ため息も出るよ。我々、技能系は一度、所属したら、ずっと同じ職種ですからね。

鍛造の実際

鍛造では1230度に熱した鉄の部品を昔はハンマーで叩いたんです。いまは鍛造プレスという機械で、がちゃんとプレスして作る。今は、加工する時の鉄の温度はセンサーで計るけど、新人の頃は肉眼で鉄の表面色を見て判断しましたね。

１２００度というと、真っ赤ですね。１３００度を超えてくると、鉄は溶けてくる。加工にいいのは１２００度プラスマイナス20度ぐらいです。

今でも、色を見たら、鉄の温度はわかりますよ。炭焼き小屋で鍛冶屋をやってたようなものです。当時は大きな窯があって、それに重油とエアをミックスして、火をつけて、燃やす。丸棒（材料）を炉の中に入れて、肉眼で見ていて、焼けたやつから外に出して並べるんですよ。バーナーから炎が出てくる位置によって焼けぐあいが変わってくるから、焼けたやつから出していく。ピザ窯からピザを出すようなもの。鉄が出てきたら、6〜8秒で1個の部品を打っちゃう。昔の人は、今の人よりよっぽど手が早いからね。

だいたい4人ぐらいのチームでやるんだ。棒芯というのがチームのリーダーでね。その人がいろいろな指示を出す。僕は、入ったときには早く棒芯になりたいと思った。

チームには他に金焼き師、型打ち（打つ人）、それからバリ取り。バリ取りとはトリミングして部品のバリを取る工程。1人でやるんです。金焼きと型打ちは30分で交替するんですよ。なんといっても金焼き師は炉の前で炎をかぶりながら丸棒を出すからね。

大変な仕事ですよ。戦前は前かけに越中ふんどし締めて、下駄を履いてやっておったというからね。戦前はまだ保護服なんてなかったから、防火の前掛けしかなかった。それも男性だけじゃない。女性でやっていた職人もいたんです。モンペに黒い服着てやってた人の写真を見たことありますよ。男は戦争に取られていたから、僕らの先輩は女性の職人にモノを教わったと言っていました。

鍛造、鋳造は熱さ、粉じんが多いから労働環境が厳しく、特別手当がついたんですよ。1時間当たり12円から13円でした。当時の給料は高くないから、1日に80円とか100円ついたら、それは大きかった。1日に100円ついたら、25日で2500円だから、ありがたかった。

離型剤って何だ

離型剤とは鍛造プレスで使う、型から部品を外すための薬剤を言います。型にはめる時、離型剤を塗布する。そこに真っ赤に焼けた鉄の部品を載せて、上下の型ではさんで打つ。離型剤がないと部品が型にくっついてしまうから使う。鍛造の職人にとって、離型剤の量、塗るタイミングは技能のひとつですね。

鉄板に油を引かずにお好み焼きを載せたら、くっついちゃうでしょう。離型剤は鉄板に引く油と一緒。型と部品がくっつかないように塗るもの。

離型剤は部品によって全部違うんです。大きなものとか、深さの深いものとか、薄いものとかで、塗り方がもう違ってくる。型で打ったときに摩擦熱で型温が高くなるような品物と、温度があんまり上がらないものとがあるから、それによって塗り分ける。重油に黒鉛を混ぜたものを使っていましたね。

鍛造プレスにすると、一定の品質が保てる。その代わり、金型と離型剤が必要になってくる。また、以前は設備の能力が小さかったこともあって、何度も打つことで強度を増したけれど、今は、設備の能力も向上し、1回で打てるようになったので、一度鍛造プレスすれば充分に強度のある部品ができるんです。日本刀の場合、砂鉄から取る鉄には、いい材料も悪い材料も入っているから何度も重ねて叩いて強度を増していく。折り曲げて叩いて、折り曲げて叩いて、密度をどんどん濃くしていくことで強くなるけれど、今は特殊鋼だから、そこまで叩く必要はない。

離型剤におがくずを使っていたこともありました。いまも使っている会社はありますよ。宮城県に鍛造品の協力工場がある。ＴＤＦと言うんだけれど、そこは自動車部品だけでなく、船舶や鉄道車両の鍛造部品を作っているんだ。

「河合さんに見に来てほしい」

部長の頃かな。そう頼まれたので、部下とふたりで出かけて行ったんですよ。TDFの現場では大きな雛ものをプレスするために、上下の型が中間で成形するダブルスェッチハンマーで鍛造加工していました。船舶用コンロッドや農機具、トラクター、ブルドーザーの部品を作っていた。

オーナー社長が会社の説明をしてくれた後、現場を案内してもらったら、おがくずを使っていたんですよ。花咲かじいさんじゃないけれど、金型に木のくずをパーッと撒いて大きな部品をのっけて、がちゃんとやる。おがくずは一瞬で炭の粉になって離型剤になる。あれは技能がいるんですよ。大きな部品をやる時は僕らもおがくずを使ってましたから。

じーっと見てたら、一生懸命やっとる若い衆がいたんだ。オレがすぐそばまで入っていったら、「河合部長、危ないです」と社長が飛んできた。

「いいから、大丈夫だから」とおがくずの撒き方と鍛造プレスのやり方を見てたんだ。オレが若い衆に「お前、もうちょっと、この辺に撒いてみろ」とか「こうしてみろ」

と言ったら、そいつは「なんだ、このオヤジは。エラそうに」って、顔をするんだよ。でも、オレが言ったとおりにやったら、すごくうまくいった。

「あ、すごいじゃん」って（笑）。

ついでに、他の作業しとる若い衆にも、「もうちょっとこうしたほうがいいぞ」とかアドバイスしたんです。

横で見ていた社長は唖然としていて、付いてきた部下は「社長、河合さんは止めても無駄ですよ。どんな危ない現場にも平気で入っていくから」とか言ってた。

社長は鍛造が好きで作った会社だから、鍛造に思い入れがあるし、知識もある人なんですよ。工場を一周、回って、実際に自分で作業もやったら、社長が言うんですよ。「河合さん、よく御存じでいらっしゃる。大学を出た後、長い期間、現場で実習されたんですね」って。

オレは言ってやったんだ。

「社長、中学出てから、この仕事でメシ食ってきたんだ。40年間、こればっかりだ」

トヨタの部長って言ったら、大学卒だとみんな、思っとるわけ。確かにそうなんだよ。社長も幹部も現場も「トヨタの部長が来る」と聞いて、大学卒の能書きだけ垂れるやつが見学に来ると思っていたらしい。オレが行って、現場で仕事を始めたからびっくりしちゃって。でも、意気投合しちゃってね。社長がもう一度、現場を案内し始めて、ついでにこの機械、調子悪いから直してくれないかって。

「河合さん、ありがとう。今日、旅館取ったから飲みに行こう」って、近所の温泉宿で、どんちゃん騒ぎになった。朝起きたら、「河合さん、もう1泊、泊まってけ」と。さすがに、そういうわけにはいかんと帰ってきた。

何の話だったか。あ、離型剤だった。

鍛造の職人たちって、みんな仲間意識があるんですよ。みんな、熱い男たちで、しかも煙のなかで仕事をしてきた人たちだから、会社の垣根を越えて、すぐに親しくなる。

材質を当てる技能

鍛造の仕事は鉄を打つことだけれど、これまでの話にもあるように、河合が入った頃は鉄の材料自体が今よりもよくなかった。そこで、製鉄所から鉄の丸棒が納入されたら、ちゃんとした材質かどうかを検品する担当がいたのである。

竹川満浩は河合の先輩である。竹川は鉄の棒材を検品する係で、鍛造工場の片隅で、一日中、棒材の検品をしていた。そのやり方は独特のものだ。鉄の丸い棒の端っこにグラインダーを当て、出てくる火花を見て材質を当てる。彼だけの技能だった。

【トヨタOB竹川満浩の話】

国鉄で採用されず

私自身は名古屋の生まれです。親父の出は静岡の富士宮だけど、食えんかったから名古屋に出てきて、そん時にこっちで生まれたんですわ。それで親父がトヨタへ入れたんで、私たちも社宅へ入りました。

中学を出たのが昭和33年(1958年)。あの頃、国鉄が花だったから国鉄を受けたんだけど、補欠採用でね、なかなか本式の採用通知が来ない。1年経っても来ないんで、また国鉄に面接に行って、いちおう、もう1年つなげたんだけれど……。だけど、結局来ないのさ。やっぱり不景気だったもんでね。ちゅうぶらりんになっちゃったわけです。

そんな時に、トヨタが臨時工を募集しとるというで、応募したわけです。それで採用されたから、臨時工になった、と。本工になったのは、昭和36年の10月なんですよね。

臨時工のころから鍛造工場の鋼材検査係でした。鋼材の火花を見て、質の良しあしを検査する仕事です。ひとりの先輩がいて、やり方を教わって、あとは自分なりに「くふう」してやってきました。

大切な火花

入ってすぐに考えたんですわ。

「この職場で何が大切かと思ったら、やっぱり火花かなあ。火花をマスターしたら、この職場に必要な人間になることができる」

それで必死で覚えました。

鍛造の鋼材には「3悪」ちゅうのがありました。異材、傷、あばたの3つです。

異材とは、材質が違う鉄が同じ丸棒になって納入されているケース。

傷は材料にキズが付いているケース。

あばたちゅうのは、材料の表面にあばたみたいな斑点があって、それを使うと、あとで、そこから鉄がぺこっとめくれたりするんです。

そういった悪い材料を鍛造ラインへ流しちゃいかんもんで、火花で検査するんですわ。グラインダーで鉄をこすると火花が出るでしょう。6メートルくらいの丸い鋼材の端っこにほんの1秒か0・5秒か、まあわからん時は2秒ぐらいやるときもありますけどね。ちょんと当てて火花を見る。

今でもメーカーでやるところはありますよ。破壊検査をするよりも火花の方が時間もコストもかからんからね。

同じ鉄でも、いろいろ種類があるわけです。これはギア用とか、これはナックル用とか。それにグラインダーを当てて出た火花は材質によって微妙に色なり火花の形が違うんです。普通の人が見たら、ただの線香花火みたいなものですけれど、僕らが見たら、ぜんぜん違うんです。ただ、ものすごい微妙な違いでね、口では説明できなくて……。

朝から晩までずっと火花を見て、悪いやつを見つけないかん。昔の材料はメーカーから来ても、いいか悪いか、メーカーは保証してなかった。だから我々、検査部門が材料を保証して、鍛造に送ったんです。ただ、メーカーも保証はせんと言っても、変なものは送ってこないんですよ。だから、僕らが1本でも、はねたら大騒ぎですよ。

「こんなものが入るようじゃ、おまえんとこからは、もうとれないよ」

トヨタ自動車が仕入れたものが壊れて事故でも起こったら大変だからね。一応、メーカーも最終工程で検査しているんですよ。テキストは私が作ったのも使っているはず。火花の形、色を見る技能で私は愛知県知事賞をもらえましたから。火花をやった人は何人かいましたが、まあ自分のことを自分でほめちゃいかんけど、私まできわめた人はいないでしょうね。

仕事は私ひとりでやるんです。あの頃、走っとったトヨタ車のハブボルトの鋼材は全部、私がすったものですよ。

河合さんはなぜ偉くなったのか

河合さんが偉くなったのは腕もあるけれど、トヨタ生産方式のカイゼンでいろいろな「くふう」をしたこと、鍛造に機械やロボットを持ち込んだこと、特許を取ったことですよ。職人としてだけでなく管理職として優秀でした。河合さん、後輩ですけれど、若い頃からいろいろ提案してきましたよ。

あの頃、メーカーから同じ材料、同じ太さ、同じ寸法で切ってきたものが、たくさんありました。

「同じ寸法のものだと混ざる可能性があるから、1ミリか2ミリ細くして、あるいは太くしてもらったらどうだろう」

その考えは河合さんです。

自分のところだけでなく、河合さんはいろいろな現場を見とったから、提案できたんだろうね。同じ寸法で同じ径の丸棒で、違う用途の部品を打っちゃったら、もう何もわからない。それこそ自動車に取りつけた後にグラインダーを当てて、火花を見なきゃわからんから。だから、同じ寸法のやつはやめましょうと河合さんは提案したんですよ。

20年くらい、火花をやった後、管理職になって、定年の60歳まで鍛造にいました。だが、大きな問題があったら、すぐ出ていかなきゃならなかった。

「竹川さん、ちょっと火花で検査してきてくれないか」って言われたら、行くしかないから。

ある時、コンロッド（註・コネクティングロッドの略。ピストンとクランクシャフトをつなげる棒。エンジン内でピストンの往復運動はクランクシャフトを介して回転運動に変わる。エンジン内で最も強度、耐久性が求められる部品の1つ）で、悪いやつが出た。もう自動車についとったんで、名古屋港のヤードに行ってね。各工場から何人か人を出してもらって、エンジンを開けて、私が1秒ずつ、すっとグラインダーで火花を飛ばしてね。

「OK」と言ったら、また、エンジンのふたを閉めて。それを限りなくやったですよ。泊まり込みでね。

ひと口に言えんのです。火花の形も色も。悪い材料の火花が大きいってわけでもない。大きいも小さいも言えません。色は鋼材が硬ければ硬いほど赤くなる。いや、それはもうとてつもなく難しい話になっちゃう。

4　トヨタに入った日

臨時工からの出発

怒濤のようなモータリゼーションを支えたのは、もちろん現場だった。フルスピードで動き続けたその現場には、臨時工から入った者も多い。1961年に入社し、本社勤務、労働組合専従、愛知県議会議員を経て退職した片桐清高もそのひとりである。

――【トヨタOB片桐清高の話】――

昭和15年（1940年）、今の北朝鮮の咸鏡北道で生まれました。平壌よりも北です。父親が職業軍人だったから、朝鮮半島にいたんです。兄弟は7人おりますが、6人が向こうで生まれています。終戦の少し前に引き揚げてきて、それで名古屋に来たわけです。

親父もおふくろも出身は愛知県の豊田市ですよ。それで帰ってきて、どうしてなのか親父は将来、自動車が伸びると思った。それで親父はトヨタで働こうとしたんですが、昭和23年（１９４８年）でしたから、トヨタは厳しい時代なんです。車と言ってもトラックを作ってる時代でしたし、そのトラックだってなかなか買う人はいなかった。まだ、戦争の傷跡が残っていた頃ですからね。

その後、昭和25年（１９５０年）になると、トヨタは大争議で人員整理です。私は小さいながらも外から見てました。本社工場は私の自宅から歩いて15分のところでしたからね。工場のなかには赤旗が立っていて、会社の周りの板塀にも「クビ切り反対」とか「要求貫徹」とか。「くまよ、ごてん（御殿）を売れ」とも書いてあった。くまとは隈部（一雄・１８９７〜１９７１、東京帝大教授を経てトヨタ自動車工業副社長）さんという副社長のこと。ただ、私は子どもだったから「トヨタには本物の熊がいるのかな」と思った。

工場のそばに暮らしていたけれど、親父は結局、採用してもらえんかったわけですよ。そりゃ、会社がつぶれそうなんだから、新しい人を雇う余裕はありませんよ。私の家のすぐ近所に豊田英二さんの家があって、親父は英二さんにも頼みに行ったんでしょうけれど、ダメなものはダメだったね。

それでもなんとか生き延びなければならんから、親父はあんこを入れた餡巻という菓子を焼いて、トヨタ生協に卸してました。

私自身は地元の小学校、中学校を出て、岡崎の高校へ行って、途中でやめてトヨタに臨時工で入りました。昭和34年ですから、1959年のことでした。少しずつ景気もよくなってきて、総理大臣の池田勇人が翌年、所得倍増論を打ち出すわけです。高度経済成長に入りかけた時のことです。

臨時工から正社員へ

臨時工は2カ月ごとに契約を更新するんです。入る時、人事の人から「いいですか、あなたはずっと臨時工ですよ」と言われましたね。ただ、私はとにかくトヨタで働こうという気持ちが強かったから、そんな言葉に反発もしなかったし、なんとも思わなかった。軽く聞き流して、2カ月ごとに契約書にハンコ押していたね。

通勤は歩きか自転車。うちは近かったから、歩いていく方が多かったかな。豊田の町でも自動車は見かけなかったね。たまにトヨタの車が走っていたくらいですよ。あとはせいぜいオートバイ。入社してからも自分が自動車に乗れる日が来るなんて思ったことはない。「私たちは車を作る人、乗る人はまた別な人」。そういう感じでしたよ。我々はひたすら車を作っていました。

配属は本社工場の車体部。車体部というのは文字通り車体の上のドンガラとか、足のフレームとか、機械部品以外はだいたい車体部が作る。

鉄板を加工する部署で、プレス課とボデー課があるんですよ。プレス課は鉄板をプレスで押す。それを溶接したり、形づくっていくのがボデー課で、私はそこに配属されました。主な仕事は溶接でした。溶接ロボットなんて影も形もなかったから、マスクをかぶって手でやるんです。仕事は大変だけれど、それでも河合くんの鍛造工場とか、鋳物工場なんかに比べたら、まだましですよ。あっちはもっと粉塵が飛んだり、暑いしね。

溶接はそんなに高温じゃないんです。溶接する部分は８００度ぐらいになるけれど、ほんの一瞬ですから。

私はクラウンのフレームを溶接する担当だった。そして、２年したら正社員に登用されたんです。クラウンが売れ出したこともあるし、会社もある程度、先が読めるようになったから、もう少し人を増やしてもいいだろうとなったのでしょうね。仕事は変わりませんよ。本社工場で溶接です。ただ、どんどん仕事が増えていって、仲間も多くなっていきました。仲間も最初のうちは臨時工ばかりでしたね。私の組も30人のうち20人は臨時工でしたから。

正社員になって4年後に車を買いました。もちろん中古。中古のパブリカでした。なんといっても給料がぐんぐん上がったからですよ。臨時工で入ったときは、今でも忘れんけど、日給が３０８円。１日に7時間労働で週休は１日。それがどんどん年ごとに給料が上がっていって、日給が時給くらいになったと思う。

当時、散髪の値段が２００円でした。現在だと４０００円ぐらいだから20倍でしょう。でも、トヨタの給料は20倍どころじゃないですよ。あの頃よりも１００倍近くになっているんじゃないかな。

自動車のある生活

私が車体部の班長になったのは28歳でした。思えば臨時工から9年で班長になっている。ずば抜けていたわけではないけれど、早い昇進でした。私が買ったパブリカは確か10万円くらい。車の代金はなんとか工面したんですが、最初は維持費が心配だったんです。でも、車を持っている先輩に聞いたら、「なんとかなるよ」と言われて、確かに、オーナーになってみたら維持費自体は大したことではなかった。

それから高度成長とモータリゼーションの波がやってきて、我々はその渦中にあったわけです。働くことも嬉しかったし、自分の車に乗ることはもっと嬉しかった。歩いて15分の距離なのに、工場まで車で行くんですよ。工場の駐車場から職場まで行く方がよっぽど遠かったのにね。毎日、一生懸命にきれいに拭いた車に乗ることが嬉しかった。バカみたいなもんだけれど、それくらい、車がある生活は幸せだったんですよ。

あの頃、私は仲間とラリーをやりましたからね。豊田市の公道ですよ。その後に、渋滞とか交通事故という問題が出てきて、ラリーは中止になるんですが、町中を走っていました。ラリーはチームでやるんですが、私はナビゲーターだった。ドライバーは運転がうまいやつにまかせて、私は地図を見ながら、「次は右へ行け」とか「煙草屋の角を曲がれ」とか……。そして、ラリーというのは時間計算も必要だから、技術員室の若いのに後ろに乗ってもらって、手回しの計算機で、計算しました。電卓が出る前の話ですよ。

とにかく休みの日は必ず車に乗っていた。仕事が終わってからもね。まだ結婚していなかったから、名古屋まで運転して行って、遊んだこともありましたね。

思えば車を買って一番よかったことは、座ったままどこでも行けるということ。それまでは自転車でしょう。自転車だと雨が降ったり、寒かったり、暑かったりすると、大変なんだよ。でも、車は雨でも風でも座ったまま行ける。今の人にはわからんかもしれんけれど、とてつもないことですよ。自由に思ったところに行ける乗物に初めて出会ったのだから。その喜びに勝るものはなかった。

そして、給料が上がるのと一緒に、車もだんだん大きなものになっていった。パブリカからカローラになり、コロナになり、クラウンになり……。最終的にはクラウンだったけれど、退職してからは小さなサイズのアクアに戻りました。

「進め」だけではわからない

28歳で班長になって、1年後に職場の先輩の推挙で労働組合に行きました。いきなり専従の執行委員でちょっと戸惑ったけど、3年やりまして、戻ってきて、現場の組長代行ということになった。組長がいなかった組を代行としてまかされて、いわゆるオヤジの仕事をやるわけです。トヨタに限らず製造業は、安くていいものを作って社会に貢献するのが役割です。

そして、いいものを作るのは製造現場です。製造現場がしっかりしていることが大事で、現場をきちんとまとめるのは組長、いわゆるオヤジなんです。工長となると「現場の神様」ですから、じっとみんなを見ているのが役目。実際にまとめているのは組長、オヤジなんです。

組長が大切にしなくてはいけないのは「質、量、コスト、安全」と言われていました。まずは不良を出さずに品質のいいものを作る。量も出す。それからコストもできるだけ安く、無駄のないものにする。そして、安全。部下が怪我しないように仕事を回していく。質、量、コスト、安全の確保が組長の役割です。

そのために組長に求められる技量は、部下にわかりやすく教える能力です。例えば一般的に、「進め」という言葉があるでしょう。進めと言ったら普通は「前に進め」ですよね。ところが、いろんなレベルのさまざまな人が現場にはいるわけですから、「進め」だけではいかんのです。進めと言ったら、右に進む人、左に進む人もいる。どちらの方向にどれぐらい進むのかをちゃんと言わなきゃいかん。みんな穏やかで、気のいい連中だけれども、レベルは違います。どんなレベルの人にもわかりやすく、丁寧にきちんとわかるまで教えることが必要になってくる。

次に、自分自身でやってみせる技量もいる。アゴだけじゃいかん。アゴとはしゃべるという意味だけれど、アゴだけじゃ人は動かん。さらに言えば、「きちんとやれ」とか、「ちゃんとやれ」なんて、いい加減な言葉ですよ。そんなことを言っているオヤジはダメだし、トヨタにはいなかった。ちゃんとやれと言うのなら、まず自分の腕を見せる。

我々は何度も言われました。

「部下が理解してないのは、部下が悪いんじゃない。教えた方が悪いんだ」

それと「めんどう見」です。トヨタは高卒の正社員をどんどん採るようになって、多い年には2千人、3千人も入れたことがあった。そうすると、みんな寮生ですから、世話をしなきゃいかん。正月に故郷に帰れずに居残っているのは家に連れてきて飯を食わす。そのことは故郷の父親、母親に手紙やはがきを書いて知らせる。それも組長の責任、オヤジのやることですよ。パーソナルタッチ、PT活動と言っていた。

トヨタは教育熱心な会社で、人を育てる教育ばかりやるんです。なぜかと言えば、いいものを作る鍵は人にあるんです。いい設備もいるけど、設備だって操るのは人ですから。人を育てないと、いいものはできない。組長の仕事とは人を育てることに尽きる。

小さい集団だけど、現場のオヤジはなんでもできなければならない。あの頃、私もオヤジと呼ばれていましたよ。

いい時代は早く過ぎる

やっぱり楽しかったね。働けば金になったし、自分も成長していくことがわかったし、部下も成長していった。かつて、部下だったのが班長になり、組長になっていくのを見ることができた。みんなが持ち家になっていった。入った頃は右も左もわからなかったのが立派な組長になったのも見ました。

組員も30人ぐらいいたから、全員が班長、組長になれるわけじゃない。私はできるだけ小グループでいろんな活動をやるようにしたんです。QCサークル、「創意くふう」の集団活動……。4、5人の単位で集団を作り、全員がリーダーを務める経験をさせました。人に教えると、やっぱり、教えた方も伸びるんです。

いや、いい時代でした。昔がよかったと言いたいわけじゃない。いい時代は早く過ぎる。そう思うんだ。

もうひとり、臨時工から出発した「オヤジ」を紹介する。１９４３年生まれの若生豊彦は、高岡工場の組立部門で長く勤務した。

【トヨタOB若生豊彦の話】

組立一筋

仙台の隣の町に生まれました。実家は普通の農家ですよ。高校を出た当時、トヨタは臨時工という制度で働く人を募集していました。僕は東北だから、トヨタの工場からは遠かったのだけれど、常滑に兄がいたこともあって、応募してみたわけです。臨時工で採用されたのが１９６２年。元町工場に配属されて、それからずっと組立部門一筋です。

トヨタが出していた車がクラウンとコロナしかなかった頃は、元町工場にもふたつのラインがあっただけ。パブリカが発売されたので、工場の端っこにラインを新設したんですよ。

18歳で仙台から出て来たのですが、東北出身はまだ珍しかったですね。九州から働きに来たのが多かった。臨時工といっても、仕事の内容は社員とまるっきり一緒ですよ。ラインのうち半数はちょうど僕みたいな臨時工でした。

ほんとに忙しい時代でした。これは元町ではなく、高岡工場の話だけれど、1日にカローラを600台作ったことがあった。2時間のフル残業でね。トヨタ生産方式は売れる速度で車を作るわけですが、モータリゼーションで、もっとも車が売れる頃だった。高岡工場では3本のラインで、月産6万台も作っていた。

僕が初めて買った車はカローラではなく、パブリカ。中古でした。名神高速が全線開通（1965年）した後すぐだった。18歳で入って2年働いたら車1台が買えたわけです。ただし、その1台の車を買うために、金をためなきゃならないから、飲まず食わずの生活だった。なんでも我慢できたくらい、車の魅力はすごかった。何しろ働いているうちに、工場の駐車場にどんどん社員の車が増えていきましたから。

話を戻すと、僕はパブリカを買う前に正社員に登用されたんですよ。そして、いまのカミさんと知り合って結婚しました。独身時代は工場の近くにあった足助のスケート場でよくデートしました。働いて、車を買って、恋をして……。まったく青春ですよ。

カミさんは部品メーカーで働いていて、足助のスケート場に来ていた時に話をしました。会社でも顔を見かけたことがあったから、「あれえ、どこかで会ったね」って、僕の方から声をかけましたよ。

「めんどう見」のいい人たち

入った時のことだけれど、班長さんと組長さんがものすごく、「めんどう見」のいい人でね。僕は遠い東北から来ていたから、故郷に帰るには交通費がかかる。帰らない年の方が多かった。そうしたら、班長さんが「うちに来い」って言うんです。それで、正月休みは班長の家に泊まって、食事も酒も全部、お世話になりました。あの頃、コンビニもないでしょう。寮の食事が出ない日はコッペパンかうどんを食うしかなかったんだよ。若かったから、いくら食べてもおなかがすいたね。今はもう全然、食欲ないから。ありえない話ですね。

組長さんは三島さんと言ってね。非常にできた人でした。その方は河合くんと一緒で養成所の出身だった。三島さんは「オヤジ」でした。ほんとに世話になった。僕の人生の先生と言ってもいい。当時、組の人員は40人ぐらいでね。そうなると、やんちゃなやつがいっぱいおるわけですよ。

やんちゃとは、仕事をやらんかったり、突発で休んだりすることなんだが。そういう人がいっぱいおった。三島さんはよくやる人間よりも、やんちゃなやつの面倒を見るわけですよ。話をして、話を聞いて、酒を飲ましたりして、だんだんやんちゃな人間を真面目な人にしていった。その姿勢は僕が組長になった時に、役に立ちました。

高岡工場には3つのラインがあって、僕は第3ラインって古いほうのラインにおったんですね。工長の時にそこから第2ラインに行きなさいって指示されて、そこで管理職の課長になりました。当時、トヨタ自動車の組立ラインは13本あったんだけれど、高岡の第2ラインは品質、稼働率ではワーストだった。それで、僕の前に何人か組立の指導者が入れ替わり立ち替わり、直しに行ったんだけれど、なかなか成果が上がらなかった。それで僕が選ばれたんです。

何をやったかというと、第2ラインは休憩時間にちゃんと休むところがなかった。休憩所は一応あったんだけれど、狭くて、椅子が置いてあるだけ。すると、みんなコンベアの脇で煙草を吸う。

こりゃいかんなと思って、僕が最初にやったのが休憩所を徹底してきれいにして、椅子も新品に替えて、設備をよくすることだった。すると、モチベーションが上がって、品質も良くなった。労働環境を良くしないと、製品はよくならないんです。これもまたトヨタ生産方式の考えですけれど、この辺はなかなか世の中に伝わっていないですね。

組立とトヨタ生産方式

組立は手作業でしょう。手を動かすよりも、人間関係のコミュニケーションがうまくいっているかどうかが大切なんです。作業はやろうと思えば1秒、2秒は速くできる。しかし、それ以上はできない。それよりもチームワークなんですよ。だから、班長さん、組長さんはチームワークの確立に気を遣う。トヨタ生産方式はチームワークのシステムですよ。

後に、僕は大野（耐一・元副社長）さん、鈴村（喜久男）さんについて、ダイハツに指導に行きました。それはものすごく勉強になりましたね。ダイハツのメンバーと一緒にシャレードという車のラインを立ち上げるために行ったんですよ。向こうも大野さんがおるから、僕らの言うことをきかなきゃならない。それでダイハツの生産性は一気に向上して、噂が広まったわけです。

「ダイハツに高岡の組立から人が行って、すぐに成果を上げたぞ」と。

その時に勉強になったのは、生産調査室の主査だった鈴村さんが現場の人間を集めて、毎週月曜日にやった講演でした。仕事が始まる前の時間に僕らは必ず鈴村さんの講演を聞いて、それからダイハツで働いた。カイゼンの話でした。みんなは鈴村さんを「コワい」と言っていたけれど、あの人がいなければトヨタ生産方式は根づかなかった。僕はあの人が大好きだね。

その後、僕はカリフォルニアのNUMMIにトヨタ生産方式の指導で行ったんです。3年くらいかな。NUMMIはゼネラルモーターズと共同で作った工場で、生産していたのはシボレー・ノヴァとカローラ。後期はむしろカローラを作る台数が多かった。ノヴァが売れなくなっていったからね。

ラインを止めるとクビになる

アメリカ人はアンドンを引かないんですよ。アンドンとはトヨタ生産方式のひとつで、何かあったら、作業者がヒモを引いて、ラインを止めるんです。不良品が出ないように、その場で直す。

ところがアメリカでは現場の人間がラインを止めるとクビになるんです。だから、なかなかアンドンを引こうとしない。そうすると、やはり不良品が出るんです。そこがいちばん困りましたね。ゼネラルモーターズで雇用された人間だから、なかなか僕たちの言うことを信じないのですよ。

「何かあったらラインを止めろ」と言っても、クビになると思い込んでいるから、ヒモを引かない。

我々みたいな者でも車に乗れる

ＮＵＭＭＩの苦い経験があったから、次にトヨタがアメリカに単独工場を作る時はトヨタ生産方式を徹底させようと。そうして、ケンタッキーの工場では全面的に導入して、それで評価が上がりました。ＮＵＭＭＩでの仕事はストレスのたまるところもありましたけれど、個人的にはいい体験でした。かみさんと娘も１９８０年代のカリフォルニアで暮らしたわけですから。

トヨタで働いて、よかったことと悪かったことを思い出そうとすると、悪かったことはないんですよ。めちゃくちゃ忙しかったけれど、それはあの時代に自動車産業で働いていた人はみんなそうですからね。僕なんか途中入社で、ここまで勉強させてもらって非常に感謝してます。そうそう今でも感謝してますよ。トヨタはOBをスポーツの応援だとかいろんなところに連れて行ってくれるんですよ。バス代と入場料は出してくれるんです。僕も都市対抗野球、女子のソフトボール、ラグビーはほとんど見に行ってます。

それからパブリカの後はカローラのスプリンターを買いました。自分が作ってたラインから出た車ですから。

「我々みたいな者でも車に乗れるんだ」と思ったのがパブリカで、スプリンターは我々が自分の手で作ったクルマ。その後も何台か買い替えて、今はカムリに乗ってます。

見習い社員から入った人もいる。1949年、福岡県飯塚市生まれの滝本和儀は、1968年の入社になるが、プロのライダー、測量士を経て見習い社員として入社した。

【トヨタOB滝本和儀の話】

僕は福岡県の飯塚市で小学校、中学校、高校と出て、1967年に卒業しました。車なんてみんな買えない時代でしてね、でも僕は乗物が好きだったから、中学生の頃からオートバイに乗っていたんです。昔は15歳から免許が取れたのですから。

高校の時、阿蘇山で開かれたモトクロス大会で入賞して、一時、ヤマハのファクトリーライダーになったんですよ。でも、卒業と同時に、プロのライダーはやめて、博多の測量設計会社に入りました。

測量会社では九州全部の現場を回って測量するんです。

「自分の一生は旅回りで終わるのか」と思ったら、つらくなってきて。そんな時、たまたま、名古屋に暮らしているおじさんが博多にやってきた。おじさんが言うんです。

「おまえ、これからは自動車の時代だ。工場があるところは田舎だけど、トヨタはいい会社だぞ」

僕は面接を受けて、1968年、メキシコでオリンピックがあった年にトヨタ自動車に見習い社員で入りました。入社が決まって、飯塚から名古屋へは電車で行きました。飯塚から黒崎は蒸気機関車、黒崎から小倉は普通の電車、小倉から名古屋は夜行列車でした。東海道新幹線はありましたけれど、山陽新幹線（１９７２年開業）はまだなかった。

配属は元町工場の工務部日程課。19歳でした。日程課とは、販売店から来たオーダーを工場に伝えるのが仕事。新車を作る順番を制御するというか、コントロールする。もうひとつは工場間のユニットパーツの管理です。仕入れ先から入ってくるパーツは、輸送業者がカバーするんですが、社内のパーツ輸送は工務部日程課が管理するんです。加えて、工場からラインオフした新車を、トヨタ輸送のヤードまで持っていくという仕事もありました。

僕がやっていたのは、ラインオフした車を物流ヤードへ運転して行くこと。元町工場からヤードまでは直線距離にして２・５キロですから、３キロ近くは車を運転して行かなきゃいかん。時間にすると5分。ヤードに車を並べたら、ドライバーはマイクロバスに拾ってもらう。

ヤードまでの運転の他に、部品のオーダーとか、デスクワークもやりました。

「オレは自動車を作りに来た」と思っていたのですが、なかなかラインには入れなかった。工場のなかにはいろんな仕事があるもんだなと感心しながら働いていました。「なんでもやってやろう、どんな仕事でもやってやろう」という気分で毎日、ワクワクでしたね。だって、19歳だったのですから。

組立へ

わりとすぐに正社員に登用されたのですが、その時、日程課の仕事のうち、いくつかを外部に発注することに決まったんです。運転しているだけではコストに合わないということなのでしょう。ですから、新車をヤードまで持っていくのは協力業者の方たちがやることになりました。

僕がやっていた仕事がなくなったから、組立のラインに行きました。「元町工場の組立に行きたい」と申告して、入りました。自動車を作るためにトヨタに入社したわけですからね。嬉しかったですよ。

僕が入ったラインはコロナでした。RT40という、一世を風靡したコロナですよ。担当は足回りの部品。なかでも補機関係で、たとえば、エンジンとトランスミッションをアセンブリする仕事だったり、エンジンと足回り部品をボデーにつけていくといったものでした。トランスミッションとエンジンをセットしたものを、リフターを使って、下から上に突き上げていくといったこともやりました。組立のなかでは花形の作業ですが、音はうるさかったね。でも、自動車を作っているという感覚を感じる作業でした。

インパクトレンチを使って、ねじを何秒でしめるといった標準作業が決まったのはもう少し後でした。職人気質が残っていたというか、手の速いやつと遅いやつでは仕事のスピードが全然違っていました。トヨタ生産方式が入りかけた頃だったんですよ。

だって、昔は仕事をしながら前や後ろの連中と将棋をさすことだって、できたんです。もちろん、やっちゃいけないんですよ。ただ、標準作業が確立していなかったから、仕事が速い人間にとっては時間は有り余っていた感じでしたね。

365日教育と研修

堤工場が完成したのは1970年でした。僕は完成する前からラインを起ち上げるために先発メンバーとして、堤工場に行ったのです。元町工場で育って、堤工場へ変わり、そこでは新型コロナとセリカを作りました。その時からが僕にとってはものすごく勉強のできる環境でした。とにかく毎日が勉強でした。

だいたいトヨタほど教育に熱心な会社はないんですよ。僕に言わせると365日が教育と研修でした。丸一日が研修ということもありますけれど、班であったり組であったり、製造現場でミーティングすることが教育の一環なんです。仕事の後に1時間くらい、勉強したり、泊まりで研修があったり、基本的には自分で学ぶわけですから、強制ではない。ですから来ない人もいます。しかし、知らないと自分が次にやろうとする仕事ができないんですよ。

においが違う

僕は自分の欠点を補うことが、教育の目的だと思うんです。まず自分の欠点に気づく。部下の場合でしたら、気づかせてあげる。教育するときは欠点に気づかせることを主眼にしました。何も新しいものを吸収することだけが教育ではないんだと思います。新しい知識や技能は研修で覚えればいい。

そして、気づかせることですけれど、仕事を基本通りにほんとうにやっているかどうかなんですね。できない人というのは基本を知らない、もしくは忘れてしまっている。

そこで、気づかせてあげる。

次は労働環境の整備です。やりにくい作業をさせない。清潔で整頓された場所で作業してもらう。何も卓越した技能者になれというわけではないんです。卓越した技能は、その人自身の努力がなければ身につきません。

生産現場に入って、おかしいなと思うことがある。空気とにおいが違った時です。入った時に異様な空気を感じるのですが、何かあるんです。よく見ていくと、作業者が基本通りやっていなかったりする。部品を置いた時と、次に取りに行く時の動作が違うんです。今のトヨタ自動車ではほとんどが標準作業になってるから、仕事は繰り返し作業になります。ただ、繰り返しなのだけど、必ずしも単純な繰り返しではない。そこを気をつけなくてはいけない。誰に替わっても同じようにサイクリックにやれる。そういう心がけで仕事をしてないと品質のいい車は生まれません。

僕らが入った時代はとにかく教育でしたね。ちょうどトヨタ生産方式が根づいていく時でしたから、班長には組長が教える、組長には工長が教える。叱る、怒鳴るなんてことよりも、とにかく教育でした。それは嬉しかったですよ。

僕は入社してラインについた頃、教えてもらってないことを、「なんだ、おまえはできんのか。バカたれ」と言われたことがあった。

「こんのやろー、そんなこと言ったって俺は知るわけねえじゃねえか。できるわけねえだろう」と心のなかでは思っていた。ほんとに頭に来ましたよ。

だから、教えていないことを、「おまえこんなこともできないのか」と言っては絶対にダメなんです。自分が教える側に立ってからは、「教えたことのないことで、作業者を叱るな」と徹底しました。いまのトヨタにはその精神が息づいていますよ。

自分の技能や知恵を囲い込むのではなく、他人に教えれば教えるほど会社に対する寄与率は高まる。教えることは学ぶことです。

最後に河合さんのことですけれど、ああ見えて、データを大切にする人なんです。神経質なくらいきめ細かくデータを取る。現役の時、一緒に研修を受けたことがありました。TPS（トヨタ生産方式）の上級コースで、あの人は熱心なんです。

「このデータは深掘りせないかん」

普通だったら1回か2回測れば、それでデータは出るんですよ。でも、河合さんは深掘りして10回はデータを取っていた。知らない人はあの人を大雑把でいい加減みたいに感じるかもしらんけれど、仕事をさせたら、ほんとに細かい。細かいところまでよく見てる。だから僕の印象で河合さんは、ああ、人間は大雑把だけど、最後だけはほんとに細かいな、詰めはきっちりやる人だなということですね。

滝本が指摘したように、工場には様々な仕事がある。

デザイン分野で働いたＯＢの中川七三一は「粘土で車を作らないか」と誘われたのだという。中川は１９４６年徳島県生まれ、１９６５年入社以来、退職までずっとクレイモデラーなどデザイン分野で働いた。

【トヨタOB中川七三一の話】

私は徳島工業高校のデザイン科出身です。高校では軟式野球をやっていました。ある日、トヨタに入っていた1学年上の先輩から手紙をもらったんです。

「中川君、おれはトヨタ自動車という会社にいて粘土で車を作っとる。君も来ないか」

「粘土で車を作る」という意味がわからなくて、それで、問い返したら、また手紙が来て、実車を作る前のクレイモデルのことだと理解しました。

高校を出て、先輩に引かれて入社し、同じ職場に入ったんです。仕事はクレイモデラーで、当時の所帯は８人。なんでもその８人でやらなきゃならなかった。その後、トヨタ自動車はどんどん大きくなっていったでしょう。最終的に私がすべて統括した頃にはデザイン部門は２８５人になっていました。入社して43年間、デザイン一筋の人生でした。

クレイモデラー

入社した次の年がカローラの発売。ですからカローラのクレイモデルはもう終わっていました。実車にするかしないかを決めるために作るのがクレイモデルですから。私の最初の仕事はコロナの上のマークⅡのモデルを作ることでした。車のデザインをする部門は20人くらいいましたけれど、我々、クレイを作る人間は８人でした。以前は石膏、もしくは木材で車の模型を作っていたんですよ。けれど、石膏や木だと形を作って、削ることはできるが、盛り上げることはできない。そこで、粘土で模型を作るようになったんです。

クレイモデルについて、簡単に説明しますと、材料は粘土で、彩色もします。最初は

5分の1のスケールモデルを作る。それから1分の1、つまり実車と同じ大きさの模型を作る。どちらも結構な大きさですよね。

デジタルがいろいろ進化してきて、もうクレイモデルは要らないだろうとも言われていますけれど、本物の立体を見ないと、ディテールは想像できない。画像では今ひとつ、つかめないことがたくさんあるんです。もちろん、CGや3Dで作りますし、大きなスクリーンで形を確認もします。だけど、最終的にはクレイモデルで、「その線をもうちょい」とか、「その面をもうちょい」とやらないと形はできません。ただ、他の自動車会社ではクレイモデルを作ってないところもあると思います。トヨタ自動車はそういう点が律儀ですね。

クレイモデルはモデラーとデザイナーがコミュニケーションを取り合って作ります。「その面を、もうちょい削って」とか、「中川さん、そこ、膨らませたいね」など。

人と人が向かい合って、そういうやりとりをしながら作っていく。スケールモデルで、よし、やろうとなったら、今度は1分の1を作ります。実車と同じサイズですから、粘土の量だけで大変なものですよ。5分の1は何台か作りますが、1分の1はひとつだけ。ただ、すべて粘土で作るのではなく、なかの構造は鉄骨と角材です。今は発泡スチロールも使う。その上に粘土を盛り上げていくわけです。

みなさん、ご存知ないかもしれませんけれど、クレイモデルは色を塗りますし、実車と同じように窓ガラスもはめ込みます。本物のタイヤも付けますし、ハンドルも外から見える部分は作る。前後のナンバーも板で作る。先輩から言われたのは、

「いいか、中川、実車よりもきれいに作るのがモデルだぞ」と。

特に、内装はトヨタ独自のやり方で、最初はオープンカーにしておいて、ハンドル、インパネ、シートの上部も全部こしらえる。それからボデーの上を載せる。離れたところから見たら、実車とまるで同じですよ。ガラスは昔は旭硝子（現・ＡＧＣ）から本物を買ってきて、切ったこともありますけれど、基本的にはアクリルです。炉の中にアクリルを入れて、熱したものをプレスして、それから形を作っていく。

クレイモデルを1台作るのに、1分の1だと4人がかりで20日間。最後はもう徹夜ですよ。トヨタの現場で徹夜する部署はありません。僕らくらいでした。でも、いまはもうそんなことはできませんよ。時間内に仕事を終えます。

できあがったモデルを審査するのは管理職、部長、役員。ダメと決まったものは実車になりませんが、僕らの頃はたいていは手直しして、完成したものから設計図を起こし

ました。

ひとり立ちには8年かかる

モデラーとして一人前になるには、どうでしょう、その人の持っている技量によって違うのですが、8年くらいかかな。どうしてもそれくらいはかかります。

5分の1モデルはひとりで作るのですが、まずデザイナーからスケッチを渡されて、頭のなかで実車の像を構築して、それから作り出すわけでしょう。私もやっぱり頭のなかに実車がでてくるまでに8年はかかりましたから、5年じゃちょっと無理だと思います。

クレイモデルが完成してから自動車が出るまでの期間は車種によって、まったく違ってきます。会社が早く出したい車は1年、2年で出るけれど、5年も7年もかけてやる車もありますから、なんとも言えません。

どれも手間はかかりました。それでも思い入れがあるのは、セリカかな。あと、私が最初にモデルを作ったクラウンのハードトップ。この2台ですね。クラウンのハードトップは初めて出た白いクラウンなんです。それまでクラウンは黒と決まっていたのですが、初めて白を出した。発表会には山村聰さんと吉永小百合さんが、いらしていたのを思い出します。

モデルの色を塗るのも僕らの仕事でね。スプレーガンで塗っていく。クレイの上に下地を塗って、乾かしてからラッカー塗料、そしてクリアコートって飴みたいな塗料を塗り重ねる。ほんとに実車よりきれいな色に仕上がりますよ。

5　車が買えた日

2交替と3交替

河合が入った年、高岡工場ができた。そこはカローラの専用工場である。翌年社長になる豊田英二（当時専務）は、大衆車カローラだけを作る工場を他社に先行して建てた。他社は「そんな大きな投資をしたら、トヨタはつぶれる」とほくそ笑んだが、実際は豊田英二が考えた通り、モータリゼーションが進み、トヨタは自動車業界のナンバーワン企業となった。工場が新設されたのだから、働く人員も増えていく。河合たちは臨時出勤で増産体制をしのいだ。

なお、作業者の勤務時間だが、当時のそれは河合の言葉を参照してもらうとして、現在は連続2交替と3交替が混在している。

どちらになるかは職場によって変わってくる。どちらが楽かと言えば、人それぞれとしか言いようがない。夜の方が集中できていいという人もいるというからだ。
現在は工場によっても異なるが、大きく次の2つの勤務体系に移行している。
連続2交替の場合。
1直　6：25〜15：05
2直　16：00〜0：40
連続3交替の場合
1直　7：20〜16：00
2直　15：00〜23：40
3直　22：45〜7：25
2000年頃には現在の勤務時間に移行している。

【河合の話】

僕が入った当時は昼夜勤でした。昼夜勤とは、昼勤が午前8時から午後4時。夜勤は、午後10時から午前6時かな。この2交替だった。そして、週休1日でしたから、土曜日も働いてました。僕らは夜勤入りというと土曜の夜から出て日曜日の朝まで。そのまま昼勤になることもありました。働きっぱなしですよ。夜勤へ入る時、若かったから昼間に寝ないで遊んでいたこともあったんですよ。そして、夜勤明けは遊びに行く。「夜勤明けだ、それ行けっ」と遊びに行くんですよ。釣りや海水浴に行ったり、パチンコやったり、ソフトボールしたり。冬はスキーに行ったり。元気でした。今は絶対に無理ですけれど、若い頃は無理してでも遊んでた。

僕ら、現場の人間は海外へ行っても時差ぼけはなんともないんですよ。ずっと、そういう生活をしていたんだから。とにかく車が売れたからね。

臨出（臨時出勤・現在の休日出勤）だけでは足りなかったから、臨時工、季節工って出稼ぎの人が現場に入ってました。ちょうど、炭鉱が閉山した時期がその頃で、鉱山から来た人も多かった。あの頃はほんとに臨出が多かった。週休1日で臨出だから、休みなしになる。それでも寝ずに遊ぶんだから、若いってことはすごいことだよ。

忘年会に一度で行ける

パブリカ（1961年発売）が出て、36万円くらいだったか（38・9万円　セダン）。

パブリカから車を買う人が徐々に増えていって、やっぱりカローラ（1966年発売　43・2万円）とサニー（1966年発売　41万円）が出てからがモータリゼーションです。あの当時、一般の人の給料って2万とか3万（1966年大学卒初任給　2万4890円）でした。カローラは普通のサラリーマンが買える値段の車だったんですよ。

パブリカも安かったけれど、パブリカって車は空冷エンジンで800cc。雨が降っても濡れないでドライブできるといった程度で、家族みんながゆったり乗れる車ではなかった。コロナ（1957年発売　64・9万円）は1500ccでフル装備。ハイレベルだったから走りもよかったけれど、やっぱり高かった。

そして、カローラは、パブリカとコロナの中間なんです。みんながちょっと景気がよくなって、年収分を貯めれば、買えた車だった。みんなのカローラだったんです。

僕自身、カローラにも乗りましたけれど、よくできた車と思いますよ。それは僕だけじゃなくて、あの頃のトヨタの社員はみんなカローラを買いました。なんといっても、あっという間にトヨタの駐車場はカローラでいっぱいになったからね。

高岡工場はカローラ専用工場でした。豊田英二さんは「私はカローラでモータリゼーションを起こそうと思い、実際に起こしたと思っている」と言われたけれど、あの時代にあそこに専用工場を作ったのは先見の明があったんですよ。そして、コロナを売って儲けた金で、すぐにエンジン専門の上郷工場を作ったでしょう。これまた先見の明でしょう。ふたつの工場で大増産して、車の価格を下げていった。あの時から庶民が車を買えるようになったんだね。あの頃はみんな車が欲しくてね。今のスマホみたいなものです。借金して買ったもんです。

僕はトヨタから新車が出るたびに買って、乗ってましたから。いま、会社からの車はレクサスのRC。センチュリーに乗れと言われて、少しだけ乗ったけれど、やめました。自分で持っていて、よく乗っているのはランクル（ランドクルーザー）。ランクルで山へ行ったり、ドライブ行ったり。車は乗ってるだけで実に楽しい。

いちばん最初に買ったのはコロナの中古でした。18歳だから、入って3年目ですよ。30万円だったと思うよ。ガソリンの値段は1リッター、40円か45円だった。燃費は15キロくらいもあった。昔の車は単純だから電気も食わないし、エアコンもないから結構、燃費はよかった。シンプルだから、重量も軽かったんですよ。

それで、車を買って、いちばん喜んだのは母親じゃなくて、オヤジ（組長）だった。今でも忘れないけど、組に二十何人かいて、炭鉱から来た人が半分はいたかな。そのうち車を持っていたのは2人だけだったんです。

組長が僕に言いました。

「お前、よくやった。これで忘年会に一度で行けるぞ」と。当時、僕らの組は蒲郡で忘年会をやっていたんです。1泊でね。けれども3台で、どうして1回で行けるんだと僕は意味がよくわからなかった。

忘年会の当日、オヤジが「河合、車を出せ」っていうから、もちろん「いいですよ」と。

「おまえ、朝まず1回、行ってくれ」

「どこへ行くんですか?」

「あのな、俺たち、忘年会は蒲郡だろ」

「はい?」

「お前、蒲郡といえば蒲郡競艇なんだ。競艇をやるやつが4~5人おるから、そいつらをお前の車で1回送る」

「その後、どうするんですか?」

「競艇に行ったやつらは宴会場までバスで行く。お前はすぐに戻ってこい。お前と俺ともうひとりで競艇をやらないやつを全員乗せて、宴会場へ行くんだ」

それまでは2台しかなかったから、朝も夜も二度ずつ運んでいたんですよ。だから、オヤジは大喜びだった。

忘年会の翌日もまた僕は蒲郡競艇まで、何人かを送っていくんですよ。

忘年会だけじゃなくてね。工場対抗の運動会に行くのもまた送っていった。最初のうちは工場対抗といっても本社と元町だけ。後からどんどん工場ができて、鍛造と鋳造とか、鍛造と機械とか、対抗戦が増えていった。運動会となると、現場の神様と呼ばれた工長たちが、えらい張り合って、組長、班長、オレたちを集めて、「お前ら、他の工場に負けたら承知せんぞ」と。

リレーとか五種競技とか、もう戦争みたいなもんですよ。

オヤジたちが「河合、お前、鋳造に負けたら、昇格はなし」とか「昇給はストップ」って。

「みんな、死ぬ気でやれ」

ソフトボール大会、テニス、卓球……。昼休みになると工場の空き地でみんな練習をやってました。

昭和な感じですよ。チームの対抗意識は強かった。

たとえば職場の組単位で、ソフトボール大会があるとします。まず、職場で競って、勝たなきゃならない。次に全工場のなかで戦って勝つと、本大会、つまり全社の大会に出られる。予選、本選、決勝ですよ。うちはほんとに行事が多い会社だった。

僕の妹の旦那の兄さんは、日産で働いてたんです。

その人と会った時、「河合さんとこは、何で行事ばっかりなの」って。もうひとつ、「河合さんはいいな、そんな格好で会社、行けるんだから」って。オレたちは工場の近くに住んでいたし、車かバイクで通勤だったから、ジャージ姿なんですよ。夏は短パンとTシャツとか。管理職もオヤジもそんなこと誰もうるさく言わんかったからね。日産だと電車乗ったりしなきゃならないでしょう。ちゃんとした服を着ていかないといけなかったんだね。

そう、僕が買った頃はまだそれほど車も走ってなかったから、駐車場でなくてもどこでも車を止められましたね。

カローラがものすごく売れたと感じたのは食堂のおかずですね。当時は、累計1千万台とか、何か記録がでたとき、食堂のおかずに、尾頭付きの鯛が出た。小さな鯛でしたけどね。また、記念に毛布を1人、1枚ずつくれたり、紅白のまんじゅうをくれたり。ちょっとしたことだけれど、でも、嬉しかったですね。いまはもう尾頭付きの鯛なんて出なくなったけど。ああいうの、結構、嬉しいもんなんだよ。

オヤジのやさしさ

車が売れて、臨時出勤となると苦労したのが、寮にいた人たちだった。臨時工、季節工もそうでした。僕は自宅だったからよかったけど、寮生の人たちって、休日は食事がないんですよ。朝は寮で食べられても、昼は会社の食堂が休む。

当時はコンビニがないでしょう。昼間のためにパンを買っておくんだが、それもいつもだと飽きるよね。

それに、通勤のバスがなくなったりする。休日ダイヤだからね。

すると、組長と班長が相談して、寮生に「おい、おまえ、ちゃんと来いよ、出勤しろよ」と言いながら、車の手配をするんですよ。

「河合、お前、寮に行って乗せてこい」とか。昼間の弁当も組長が3人前で班長は2人前とか、奥さんがおにぎりをつくるんです。そういう面倒見はすごいよ。オヤジたちは仕事には厳しかったが、そういう面倒はちゃんと見るんだ。

お盆休みに寮に残ってる新人を見つけたら、「今日、おれんとこ、お祭りだで、来い」と。正月でも家庭の事情でうちへ帰れん人もおる。組長が「おれんとこに来い、正月中、居候しとけ」。

ほんと厳しかったけれど、アットホームな雰囲気でしたね。

あの頃、軍隊帰りの軍曹ってあだ名の工長がいたけれど、それは怖い人だった。怖いとは怒られるというのでなく、ごまかしが一切、きかない。仕事をよく知っていて、部下の家庭環境もよくわかっている。悪いことすると頭を叩かれたりするんだけれど、こっちは文句は言えん。オレたちはサボることもあった。だが、軍曹はそれには何も言わん。しかし、ちょっとでも手抜きすると、ものすごく怒られた。

その代わり、怒った後で、おごってくれた。「河合、ちょっと待っとれ」と。帰りに居酒屋へ連れていかれて、飲めと酒をついでくれた。

「おい、銚子、10本持ってこい」

1回ごとに10本、頼むんですよ。

「オヤジ、そんなに金、持っとらんです」と言ったら、「バカなこと言うな。さあ、飲め」。

オヤジのおごりですよ。

あの頃、工長になるとお金は残らんと言われたもの。奥さんがえらかったと思うよ。工長は「みんな来い」って、すぐに家に連れてって、メシを食わせて、酒を飲ませる。お祭りとかお正月には寮生に「オレんとこ来てメシ食え」。正月はみんな集まれって部下を呼んでは飲み食いさせて、麻雀やったり、トランプしたりね。

工長に上がったら、誰もが宿命みたいにやっていた。言葉は雑だったけれど、その裏にはすごい心があった。だからいくら厳しく言われて、いくら小突かれても文句言えないんですよ。

僕らも昇格してから、昔のオヤジの真似しましたけれど、みんなが家に来てくれたのは組長の時代までだったね。その頃からはコンビニとかファミレスとかできたでしょう。正月も寮で過ごすようになって来なくなった。そういう時代になったわけですね。

今は個人の生活に干渉することは嫌がられる。昔は飲み会があると、オヤジ（この場合は組長）が「組のみんなで行くぞ」と。12時過ぎて、1時でも2時でも、オヤジが「もう1軒行くぞ」と言ったら、みんなが付いていく。タクシーに乗る金はなかったから、本社まで線路を歩いて帰ったり。へべれけになって、みんなとにかくオヤジが帰るまでずっとつきあう。

若い衆なんか一次会、二次会ぐらいにはもう金すってんてんになる。

「オヤジ、オレ、もう金ないから」なんて言ったら、「うるせえ。生意気言うな」。

オヤジが全部払うんだよ。今の子たちは、飲んでいて、オレが「行くぞ」と言っても、「河合さん、もう電車がなくなりますから」って。オレに付いてくるのは後輩の年寄りばっかりですよ。いまだに「オヤジ、ごちそうになります」って。

現場はそうしてチームワークを作るんだよ。たとえば、これは今でも変わらないが、工場は、どんなに雪が降ろうが、どんなに風が吹こうが、台風が来ようが、会社が休みって言わん限りは全員が出てくる。出てこんのは事務所の人間だけ。

オレが鍛造部長の時に、本社の工務部から電話があった。

「河合さん、明日、台風だけれど、大丈夫ですか？　現場の出勤率はどれくらいになるかな？」って。

いったい、何を考えてるんだ、と。

「お前、誰に向かってものを言っとる。生産現場ではな、たかが台風くらいのことで休むやつはひとりもおらん。出勤管理は事務所の連中だけにしとけ」

電話をバーンと叩きつけたった。

現場は絶対に遅刻しない

たとえば雪の日でも、交通機関が乱れても、現場を休むやつはおらん。前から計画していて休むやつは別だけれど、当日になって「来れない」というのはいない。

ある雪の日のこと、岐阜の方から名古屋を通って豊田までやってくるやつがいた。

「いやあ、あいつ名古屋の向こうだよ。大丈夫か、来とるかや」

「そうだ。名古屋高速も、東名も、名神も全部止まっとったから、富島は絶対来れんよな」

富島っていう面白いやつなんだけど。

みんなで大丈夫かと事務所で心配しとった。連絡ないしね。ところが、現場を見に行ったら、「富島、来てますよ」って。

なんで来れたのか。聞いてやろうと思って、自分の部屋を出て会いに行った。

「おまえ、どうやって来た?」

富島は言った。

「河合さん、前の晩から大雪注意報が出てたでしょう。東名も名神も名古屋高速も止まると思ったんで、夜中の12時には家から出て、会社に来て寝とったんです」

雪の日なんて、そんなやついっぱいおるんだよ。だから生産現場で遅刻するやつはおらん。事務所だよ、遅刻は。広報部とかな（笑）。事務所の連中は、「いやあ、もう雪が降って道路が渋滞しまして、電車が遅れて」……。

バカたれ、冗談じゃねえぞ。そんなものはお前、前の日から情報が出とる時代だろう。考えてから、寝ろ。

部長時代だけでなく、専務になってからかな。田原工場で生産部門会議やったことがあった。午前9時開始。副社長以下、全役員が集まって、各工場で1年間やってきたことを発表する。

朝、起きたら雪がすごい降っとった。いやあ、これは無理だ。今日の生産部門会議は中止だなと思ったけど、僕はいつも早起きして、会社の風呂入ってから働いとるでしょう。その朝も風呂に入ってから田原工場に行くつもりだった。だが、予想以上に雪が積もっていたから、鍛造の風呂に入る時間はないなと。泣く泣く風呂はやめて、うちからすぐ高速に乗った。役員連中はいろいろなところから来るから大変だなと思ったが、東名は通れたんですよ、あの日。ただし、バイパスは凍結してツルツルだったから、人が歩くぐらいのスピードでゆっくり走っていくしかなかった。

もちろん、自分で運転してたんだよ。そしたらオレは40分ぐらい前に着いた。だが、あんまり早く行くと部下が気を遣うでしょう。工場のそばにある公園で、一服して、時間を調整してから行ったさ。そうしたら、来とったのは前の日から会社の近くで泊まってた中村という常務理事だけだ。誰もおらん。それでやっと9時になったが、オレと中村と4人しかおらん。工場長たちが乗っとるバスは渋滞中とのことだった。

「いいから会議を始めろ」

オレは言ったんだよ。それで、会議を始めてたら、続々、遅刻してきたな。

集まったところで言ったんだ。

「こんなことじゃ危機管理にならん。現場はみんな来て仕事やっとる。オレだって家から来とる。役員が遅刻していいのか。意識が低い。あんたらはそれでいいのか」

怒ったら、みんな、下向いてたな。それから現場の会議に遅刻するやつはいなくなった。

オレたち技能系はみんなでやる仕事だから、遅れたら、仲間に迷惑がかかるのがわかる。でも、事務系はひとりでやる仕事だからね。そこが違うのはわかっとるけれど、それでも、しっかり文句を言わなきゃならん。

現場というのはラインだから、6時半にポーンと仕事が始まったら全員おらんと仕事できない。1人欠けたら、まわりに迷惑がかかる。俺が休んだらみんなが困る、みんなに迷惑かかるという意識がずっとあるの。

今は6時半だ。6時半になったら、ボタン押してビューッと動く。60秒のタクト（註・タクトタイムの略。車1台がどれだけの時間で生産されるべきかという指標。その日に必要な生産台数に応じて変動する。ラインのスピードはタクトタイムが短ければ速く、長ければ遅くなる。ラインは作りすぎを防ぐため、やみくもに速くすればいいわけではない。「売れる速さでつくる」という考え方はタクトタイムによって実現される）で、ダーッとね。もう入ったらいきなり全力。全力でずーっとやる。だからぎりぎりに来て仕事なんかできないんだ。事前に来て、コーヒー飲みながら心の準備をして、全力で走れるように意識を高める。それが現場の意識なんだ。

6 「トヨタウェイ」と「トヨタ生産方式」

カイゼン後はカイゼン前

トヨタのモノ作りにはふたつの柱がある。

ひとつは「トヨタウェイ」。

もうひとつが「トヨタ生産方式」。

河合は2017年、東京大学で学生に対して行った講演で、ふたつの柱を次のように、彼らしく、わかりやすく説明している。


――「トヨタウェイとはどういうことか。

トヨタには自動織機を発明した社祖、豊田佐吉さんがつくった『豊田綱領』と『トヨタ基本理念』があります。このふたつをもとに全世界、全トヨタの働く社員が同じ理念で車をつくるために、わかりやすく作り直したものがトヨタウェイ。

トヨタウェイには知恵と改善、人間性尊重という2本の柱、そして、チャレンジ、カイゼン、現地現物、チームワーク、リスペクトという5つのキーワードから成り立っています。

一方、モノのつくり方についてはトヨタ生産方式があります。みなさんも耳にしたことがあると思うのですが、トヨタ生産方式には、ジャスト・イン・タイム、そして、にんべんのついた『自働化』という2本柱があります。トヨタ生産方式をひとことで言えば、徹底的にムダを排除した原価低減ということになるんです。我々は、先輩たちからよく言われました。

『現状維持は退化だぞ、常に先へ先へ行くんだ』

たとえば、カイゼン。僕らが『よし、カイゼンしたぞ』と思ったところを上司に見せると、『これはカイゼン前だな』と。トヨタの言葉には、『カイゼン後はカイゼン前のこと。カイゼンしたら終わりではない。次はもっとカイゼンしろ』。

そんなことをずっと言われてきました。

たとえばトヨタ生産方式の基本に、『7つのムダ』というのがあります。次の通りです。

・加工のムダ

加工とは、機械加工、溶接作業、仕上げ作業、検査作業等のことです。加工のムダとは、標準作業が決まっていないことで発生した必要以上の仕上げ作業、本来、不要な検査等が含まれます。従来からのやり方だからと言って、本当に必要かどうか検討せずにきた結果、必要のない工程があるのではという視点でムダを探します。

・在庫のムダ

在庫は材料、部品、仕掛品、完成品などすべてが対象。在庫にはそこに存在する理由が必要で、なぜ今そこに置いてあるのかを説明できない在庫は、すべてムダな在庫と判断します。在庫があることで問題が隠れてしまうことがいけないのです。

・造りすぎのムダ

造りすぎのムダは、7つのムダのなかでももっとも悪いものです。造りすぎのムダが最悪なのは、これによって、在庫のムダ、動作のムダ、運搬のムダを発生させてしまうからなのです。

・手待ちのムダ

手待ちのムダとは、作業することがなく、手待ち状態のことを言います。手待ちは付加価値を生みません。そして、手待ちは作業者が作業スピードを調整することで簡単に隠れてしまうということです。手待ちのムダは顕在化させなくてはなりません。

・動作のムダ

動作のムダは、探す、しゃがむ、持ち替える、調べるといった人の動きのなかで付加価値を生んでいない不要な動作を言います。日頃から動作を観察し、付加価値を生んでいない動きがないかどうかチェックしていると、必ず動作のなかにムダが存在していることに気がつくでしょう。

・運搬のムダ

運搬のムダとは、必要以上のモノの移動、仮置き、積み替えなどのことです。工程のバランスが崩れていたり、モノの流れが決まっていない等のことから発生します。

・不良・手直しのムダ

不良・手直しのムダとは、不良品を廃棄、手直し、造り直しすること。管理の不備など、品質管理の甘さから発生します。また、標準作業を守ってないことでも発生します。

まあ、話していればもっともっとたくさんのことがあるのですが、私がいつもみんなに説明しているのは、たったひとことです。

それは『**ものは売れる速さで形を変えながら流れていく**』。

形を変えないで流れていったって何の付加価値もない。売れるものを売れるスピードで1つずつつくる。我々は、材料を買って、車にして、お客様に買っていただき、乗っていただくことで、初めてお金が戻ってくる。ですから、材料を買ったときから、いかに早く車にしてお客さんに買っていただくか。材料が製品、自動車になるまでの時間を『リードタイム』というのですが、それを短くする。付加価値を付けながら時間を短縮するのがトヨタ生産方式の考え方です」

「自働化」と「ジャスト・イン・タイム」

トヨタ生産方式とは河合が講演で話したように、豊田佐吉が案出した**「自働化」**とトヨタ自動車を作った長男、喜一郎が考えた**「ジャスト・イン・タイム」**というふたつの知恵が根本にある。

自働化とは、不良品が出ないよう検知するシステムを備えること。

佐吉が織機を改良していた時代、それまでは緯糸（よこいと）、経糸（たていと）が切れても、織機はそのまま動き続け、不良品の布ができあがった。どちらかの糸がないものは布ではないから廃棄しなくてはならない。織機を買った織布会社は簡単につぶれてしまう。そこで、佐吉は人が見ていなくとも自動的に止まる織機を作った。トヨタではこれを元にして、不良品を出さないように作業を止めるシステムがいくつもある。

作業者が何かあればベルトコンベアを止める仕組みもそのひとつだ。作業者がひもを引けば「アンドン」と呼ばれる掲示板のライトが点き、班長なり組長がやってきて、異常を確認。すぐに直らなければラインを止めるシステムだ。

もうひとつの大切なポイントがジャスト・イン・タイム。材料が製品になるまでの時間を縮めて、製品を早く客のもとへ届ける。客はフレッシュな製品が手に入る。

「自動車でフレッシュ？」

どういうことだと思う人もいるかもしれないけれど、車はできた後、ヤードに長く置いておくと劣化する。塗装が日に灼けたりする。雨が降ると雨滴のレンズ効果で塗装が変質する。同じところに置いておくと、タイヤが変形する。自動車でもフレッシュな製品の方が故障が少なくなる。

また、会社にとってはリードタイムを短くすれば懐にすぐに金が入ってくる。トヨタの創業期、金がなくて苦しかった頃、ジャスト・イン・タイムでなければ食っていけなかったのである。

ただし、この生産方式は世界で初めてのものだったから、導入には時間がかかった。同方式を体系化し、生産現場に導入した大野耐一（元副社長）以下、鈴村喜久男、張富士夫（元名誉会長）たちは奮闘した。大野がトヨタ生産方式を社内や協力企業に広めるために作った生産調査室の人間たちは「鬼の生調」と呼ばれたのである。河合たち現場は当初、生調の人間たちに激しく反発した。

【河合の話】

在庫をなくせ

大野さんがトヨタ生産方式を始めたのは僕が入社する前です。本社の機械工場や組立ラインから導入が始まったんですよ。

大野さんは僕らにとっては上の人だったから、話したことはありません。鈴村さんには怒られた。

要するに、大野さんは問題が起きたら、それを顕在化しろ、と。顕在化してからカイゼンしろ、と。現場は問題ばかりですからね。人は隠したがるもんでしょう。でも、隠すな、顕在化しろ。大きな理想なんですよ、トヨタ生産方式というものは。だから最初のうち、現場はたまったものじゃなかった。

たとえば、鍛造でも部品の在庫を持っていたことがあった。鍛造に限らず、機械工場だって持っていた。鍛造で言えば、ハブ（ホイールを固定する部品）を交換するなら5

つぐらいは持っておいた方がいいな、と。在庫の個数についての決まりがなかったから、自分が働いている後ろの方に置いていた。すると、鈴村さんがやってきて、「何、しとる」と雷を落とす。

「全部、なくせ」と。

それが問題の顕在化なんだ。部品の在庫を持っていたら、たとえ作業が少々、止まっても、間に合わすことができる。しかし、いつも間に合わせでやっていたら真の対策をしないでしょう。1つじゃ足りないから2つ持て、2つじゃ足りないから3つ持っときゃいいとなってしまう。確かに問題を顕在化しないと、真の対策は立てられないわけです。

トヨタ生産方式と言えば、カイゼンだと言われています。しかし、カイゼンの前にまず問題を顕在化する必要がある。そして、基準をつくって異常を管理する。

ただ、現場は自分のところで問題が顕在化するのは嫌なんだ。心理的にはつらい。だから、それとの戦いでもある。

僕は入社して、4~5年目に鈴村さんにすごい怒られた。忘れられないですよ。鈴村さんって、怖い人なんですよ。大野さんは怒るというより、しゃべらずにじっと見るという人だった。だが、番頭役の鈴村さんは姿も声も大きい。真っ赤な顔していて、タオルじゃなくて手ぬぐいを腰にひっかけてね。くわえタバコで現場を見に来る。

ある時、「何だ！　こりゃ！」って、大声で怒られた。

僕は何で怒られたかわかんなかったんですよ。というのはね、リアシャフトって、車の後輪につけるシャフトをね、50個ずつパレットに入れて、2箱置いておいた。鍛造の現場のルールは完成品を50個ためてパレットに入れる。パレットがふたつになると、実空運搬って、空のパレットが来る。それと交換して部品を後の工程に持っていってもらうことになっていた。ふたつのパレットに部品をためるのが現場のルールだった。

鈴村さんは僕のところに来て、「おい、若造！　すぐ来い！」と言うんですよ。

「お前、パレットについとるカンバンをなあ」

「はい」

「これ、取って、外の花壇に埋めて来い」

鈴村さんはそう言うんです。ですから、反論しましたよ。

「カンバンはトヨタ生産方式では大切なものですから、外に埋めるなんてできません」

カンバンとはトヨタ生産方式では部品に取りつけておく、いろいろな役割の指標なんです（補足　ジャスト・イン・タイムを実現するための管理道具。部品箱の横に手紙ぐらいの大きさで付いていることが多い。部品を使う時にカンバンを外し、その部品を作っている前工程に送ることによって、前工程は部品が使われたことを知るとともに、初めて新たな部品をつくることができる）。

埋めてこいと言われてもねえ、僕も正直に、「いや、これ、大事なカンバンですから埋めません」って、もう一度、言ったら、「あほか、お前は」って、カンバンをぱーっと捨てるんですよ。

それで、「課長はどこだ」って、すごい剣幕で怒鳴って、課長が来たら、「おまえ、いったい何をやらしてる」と、吠えてました。こっちは、何が何だかぜんぜんわからない。

次の日からルールが変わったんですよ。パレットに50個ためたのが、パレットが30個になって、しかも1つが満杯になったら、後の工程から取りに来るようになった。

でも、気分悪いでしょう。自分の課長がめちゃめちゃ怒られて、何の事情もわからんのだから。ルールが変わったのもよくわからん。こっちは現場のルール通りにやっていたのに何が悪いんだ、と。

そこへ張さんが来たんですよ。まだ、生調の担当員だったと思うけど、あの通り、温和な人で、やさしかったから、僕は張さんに聞いたんですよ。

「張さん、オレ、昨日、鈴村さんにボロクソに怒られたけど、何でですか」

だってね、うちのルールどおりにやったのに怒られるのは納得がいかんです。

すると、張さんは僕を連れて、パレット置き場に行く。そこで、懇切丁寧に話をしてくれたんですよ。

「いいか、河合、おまえ、完成品がここに置いてあるな。これ、カンバンがついて完成している。しかし、後の工程が来ても、パレットがふたつたまるまでは、おまえたちは渡さんのだろう」

「はい、そうです」

「そうすると、ただ、置いてあるだけだな。モノは形を変えて、流しておかなきゃならんのに、ここに置いてあったって何の意味もないだろう。だから、できた分だけ、小さな単位にして出さなきゃいかん」

そうやって説明してくれりゃわかるんだけど、鈴村さんみたいに説明なしに怒鳴られるとこっちも、かっと来る。

張さんの言ったことがトヨタ生産方式なんですよ。大量に部品を作っても、車が売れるのは1台でしょう。リアシャフトって2本使うんだけど、1台ずつ売れていくのだから、本当は2本ずつを流せばいい。50個もためんでいい。今で言う1個流しとはそれですよ。

大野さんはあの頃はもう偉くなってたから、直接、怒られることはなかった。まあ、鈴村さんは、とにかくよう怒っていたね。

僕のおじさんがトヨタ自動車の本社工場にいたことがあるんだけれど、徹底的にしごかれたと言ってた。

みんな怖がっていたけれど、実際は、あれぐらいパワーをかけなかったら、多分、現場は変わらなかったでしょうね。

でも、僕ら現場は生調でも張さんのことは好きでしたよ。丁寧に教えてくれたからね。教えられているうちに、だんだんトヨタ生産方式はどういうものかがわかってきた。なるほど、そういうことなんだとわかった。

僕らが入ったころ、うちの会社はお金がなかった。

「河合、材料を買って物をつくって、お客さんに渡って初めて金になるんだ」と教えられ、だから、リードタイムを縮めにゃいかんのだとわかった。

在庫はムダがムダを生むとよく教わった。在庫を持つと、置き場がいる。すると倉庫を作らなきゃいかん。倉庫を管理する人を置かなきゃいかん。ムダがムダを生むんだとずいぶん厳しく教わった。

OBも恐れる生産調査室

生産調査室の人々を恐れていたのは河合の世代だけではなかった。大野がトヨタ生産方式の伝道、導入を始めたのは戦後すぐからのこと。河合の先輩にあたるOBも仕事の話で思い出すのはトヨタ生産方式と生産調査室だ。

石川義之、小田桐勝巳のふたりは河合の先輩で、トヨタ生産方式が導入された頃の現場の様子をよく覚えている。

石川義之。

1971年から73年までトヨタ労組の副執行委員長だった。彼は鍛造ではなく、機械工程の担当。河合のことはよく知っている。河合が入社する以前、トヨタには労働争議（1950年　朝鮮戦争の前）があったのだが、その時の思い出が強烈だったようだ。

【トヨタOB石川義之の話】

労働争議の前までは、会社が大変な状態にあることは知らなかった。不景気だという実感はあったが、自分の仕事とのかかわりはわからなかった。労働争議の時、生産現場は機能せず、とげとげしい雰囲気だった。闘争の軍資金がなくなると、組合員はノートや消しゴムなど文具を背負って地元の親戚を回り、小銭を稼いでました。

「お前はいったい、トヨタで何をやってるんだ」

親戚からはずいぶん怒られました。

大野さんはそれ以前から現場にトヨタ生産方式を導入するために奮闘していましたね。争議の時にはつるし上げの的になっていた。

労働組合は「経営再建について伺いたい」と大野さんを呼びだすのですが、実態はつるし上げですよ。

「お前たちは俺に文句が言いたいのだろう」

そう言いながらも、大野さんはひとりでやってきました。

1メートルの台の上にあげて、現場の人間がどんどん意見をぶつける。

大野さんは動じなかった。

「オレはどうやったら、トヨタが生き残れるかを話すために出てきたんだ」

現場の糾弾に簡単に折れる人ではなかった。大きな声を出す人でもなかったし、こわい人ではなかった。厳しい人ではあったけれど。

1950年4月からは疑心暗鬼の状態ですよ。会社は残ってほしい人には協力要請状、人員整理の対象者には退職勧告状を出した。同じ従業員なのにまったく異なる2枚の紙。退職勧告状を受け取った人たちはどんな気持ちだったのだろう。今でも心が痛む。トヨタは二度と人員整理をしない会社になってほしい。これは現役世代へのお願いだ。

豊田英二さんのこと

労働争議の前年、会社は給与の引き下げを行った。その際、会社と労働組合は「一方的に解雇はしない」との覚書を結んだ。しかし、次の年、会社は労働組合との協議もなく、従業員の解雇を行おうとしたため、組合は覚書違反だと裁判所に駆け込んだ。

両者の話し合いの席上、会社のある役員が「覚書に瑕疵（署名の不備）があるから無効だ」と主張した。その時、役員会の末席にいた英二さんが言った。

「法律上はそういうものかもしれない。しかし、会社が一度は守ろうと思って組合と結んだものを反故にするのは道義上、許されることではない」

組合は英二さんの発言に感謝した。労使相互信頼のバックボーンになったんだ。その後、英二さんが社長の時代、組合はなにも反対はしなかった。

労働争議の後、日本の自動車メーカーと言えば、日産、いすゞ、トヨタの順番だった。だから、コロナの台数がブルーバードを抜いた時、職場でみんな感極まって万歳したことがある。

あと、現場の経験で思い出すのは大野さんと生産調査室だな。大野さん、鈴村さん、張さん。大野さんが来て言う。鈴村さんが怒鳴りつける。張さんがなだめる。こんな感じだった。

生調ではなかったが、労務担当の山本正男専務は怖かった。しかし、現場思いの人だった。組長、班長を集めた席でのことだ。山本さんは風呂敷から小柳ルミ子の「わたしの城下町」を出し、蓄音機でかけてくれた。

「みんな、この曲を聴きながら、現場は第二のふるさとと思って頑張ってくれ」

そう言われたことがある。


ここでもうひとり、当時を知るOBの話を聞いてみよう。

小田桐勝巳。

1986年から1994年までトヨタ労組の執行委員長。もちろん現場からのたたき上げ。鍛造のOBで、河合を可愛がっていた。

【トヨタOB小田桐勝巳の話】

あの頃は英二さんが、まず偉かった。そして、山本正男さんはインフォーマル活動で従業員間のコミュニケーションを大切にした。

人事は山本さん、金庫番は花井正八さん、生産は大野耐一さん、技術は齋藤尚一さん。4本の柱がしっかりとしていた。だから、トヨタは成長していった。

現場での話。工長は恐ろしい存在であり、あこがれだった。鍛造は特に人間同士の結びつきが強かった。3K職場の典型だったにもかかわらず、定着率がいちばんよかった。心のきずながあった。風呂に入るのも楽しみのひとつだったし、昼夜勤務だったでしょう。昼の直と夜の直で、どっちが多く作れるかという競争もしていた。楽しかった。

工長のことは僕らは「オヤジさん」と呼んでいた。班長、組長でも「オヤジさん」と呼ぶ人はいた。オヤジさんにはタイプがふたつあって、引退してからも、そう呼ばれる人とそうでない人がいた。

私が現場の神様、人生の神様、オヤジさんの中のオヤジさんだと思う工長は、太田普蕃さん。荒っぽくはなく、緻密で威張るということがなかった。流されることもなく、尊敬されていた。

生産調査室の恐ろしさ

何よりも恐ろしかったのは、生産調査室の連中が現場に来た時だった。指摘されたことは必ず、翌日にはチェックに来るので、何かを直す場合は夜を徹してやるしかなかった。なかでも怖かったのが大野さんを筆頭に、生調が主催する会議。

悪いところを大野さんたちが指摘する。叱られるのは部長たち管理職。

「今日はどこそこの部長がやられたぞ」と、噂はあっという間に工場中をかけめぐった。

話は河合のことになるけれど、章男さんはすごい人事をされた。たたき上げの技能系が「専務（現副社長　河合）」「トヨタ工業学園長（現専務　田口守）」に抜擢されたけれど、他の会社には絶対にできないことだ。技能系の励みになる。

河合のことはよく知っているけれど、わりとズバズバ言う男なので、豊田章男社長も信頼しておられるのではないか。河合がひとこと言えば技能系全員が一糸乱れずついていく。そういう技能系の「大オヤジ」のような存在なのだろう。


豊田英二については河合にも思い出がある。

私が班長だった頃だから、30代前半かな。昼休みを終えて、くわえタバコで休憩室から出てきたら、ばったり英二さんと会った。英二さんはその頃、社長ですよ。たったひとりで秘書も連れずに現場に来ていました。あの方はよく現場に来て、じっと見ていたんです。

「あっ」と思って、あわててタバコを後ろに回して、もみ消して、それであいさつしました。

社長が来たわけですから、班長の僕では対応できないと思い、管理職の部長を呼んでこようとしたんです。そうしたら、僕の胸の名札を見て、

「河合くん、あなたが案内してくれますか？」と言うんですよ。

「はい」と答えて、そのまま英二さんと一緒に現場を回りました。トヨタでは社長と呼ぶことはまずありません。面と向かっては社長ですけれど、普通は英二さんとか章一郎さん、章男さんと呼んでます。だからといって、誰も怒ったりはしない。むろん、僕も副社長なんて呼ぶやつはいない。みんな「河合さん」もしくは「オヤジ」。

それにトヨタの経営者は誰であっても現場に足を運ぶんですよ。章一郎さん、奥田碩さん、張さん、みんな来てました。特に、英二さんは「工場の床下の配管まで知ってる」と言われたくらい、現場に詳しかった。

英二さんは黙って現場を歩いてました。機械に近寄って隅から隅までじっと見る。「すみません。そこは火花が散るから危ないですよ」と言っても、「大丈夫だ。気にせんでいい」。

プレス機械を見た後、今度はナックルを作る工程を見学して、突然、僕の方を向いた。「河合くん、ナックルの工程を自働化できたら世界一になるぞ。頑張ってくれ」

そう激励されたのは忘れない。

何よりびっくりしたのは、帰る時ですよ。英二さんは工場を出たところで、両足を揃えて、帽子を取ると、深々と頭を下げ、

「今日はほんとうにありがとう」

英二さんと話したのなんて初めてだったし、僕みたいな若造にも最敬礼をする。あんな人はいませんよ。あれはきっと現場に頭を下げていたのかな。でも、トヨタの班長時代、あれほど感動したことはなかった。

いまの章男さんも心がある人なんです。現場に来ると、人の心を一瞬で摑んでしまう。あれはなかなか真似できない。章男社長からも時々、連絡があって、「河合さん、現場に行ってもいいかな？」って。

僕は笑って答えるんですよ。

「そんな遠慮することないですよ。うちの現場は社長の家みたいなものだから、断らなくとも、いつでも見に来てください」

そして、一緒に現場を歩く。この間、元町にふらりとやってきたから、現場のみんなを集めたんですよ。

「お前ら、社長がいるから、聞きたいことがあったら何でも聞け。メシの不満でもいいし、日頃の不平不満でもいいぞ。上司の悪口もどんどん言え」

そうしたら、若いのがひとり、手を挙げて、「ひとつ良いですか」って。何を言うかと思ったら、いきなり「社長、かっこいいですね」って。

社長が苦笑して、「そんなことないだろ。オレのどこがかっこいいんだ」って聞き返した。そうしたら、そいつはじっと考えて、「うん、社長は品があっていい」。

お前な、社長に対して、それは上から目線だろと突っ込んだら、「そうですかね」と頭をかいてた。社長はそんなやり取りを見て、嬉しそうに笑ってた。

「河合さん、やっぱり現場はいいなあ。みんな素直なんだな」って。

その後、章男社長はライン横で話している作業者のとなりにすっと座ったんだ。

そうしたら、横にいた若いやつがいきなり「あっ、豊田章男社長ですよね」って言って、友だちを紹介するんだ。

「社長、こいつはうちでカブトムシを飼ってるんですよ」って。

オレも笑ってさ、「お前ら、何を聞いてもいいけれど、せっかくの機会なのに、カブトムシの話しかないのか」と言ったんだよ。うちの現場の連中も社長相手にまったく緊張しない。章男社長も相手を緊張させないんです。

7 「カイゼン」とトヨタ式人材育成術

変わりゆく現場

１９６６年に入社した河合満の生産現場は、トヨタの成長とともに変化している。創業当初の現場にあった工作機械の大半はアメリカ製、海外製だった。そして、1台の機械にひとりの熟練作業者がつくという体制で、手作りに近いものだった。だが、モータリゼーションの結果、量産体制の整備が急がれる。国産工作機械の導入、設備の専用化が進められた。

１９７０年代以降は石油危機や公害規制の対応が始まり、省資源、省エネルギー、労働環境のカイゼンが始まっている。電気を大量に消費する工作機械ではなく、省エネの機械の導入といったことだ。また、鍛造現場の騒音、ばい煙はなくなり、室内温度もほぼ快適になった。

次の変化は1985年以降になる。自働化、ロボット化の進展。そして、軽量化をめざしてアルミ素材の採用が増えた。また、1984年にできたアメリカ、ゼネラルモーターズ社（GM）との合弁会社NUMMI（その後、解消。現在、工場はテスラ）を皮切りに生産のグローバル化が進み、世界の現場へのトヨタ生産方式の導入が図られた。

2000年以降は生産技術の開発が進んだ。ハイブリッド車、燃料電池車、リチウムイオン電池など新領域の製品が誕生している。生産現場では省エネルギー、リサイクル、環境対策が進み、かつて油まみれだった作業服はもう汚れなくなった。河合が入社した頃の写真を見ると、作業者たちは汗を流し、真っ黒な手ぬぐいを腰から提げて働いていたが、たとえば燃料電池車MIRAIの工場などはまるで研究所だ。インパクトレンチがねじを締めるキューンという音はするけれど、騒音はまったくない。

鍛造工場だって、同じだ。河合が工夫したケージに覆われたラインが稼働しているので、作業者は外から監視していることが多い。ただし、技能を忘れてはいけないので、鍛造プレスの炉、機械もある。そこでは熟練作業者が手作業で仕事をしている。彼がいる高周波炉の近くだけは高温だ。汗を流し、作業服を汚しながら、鍛造に徹している。

さて、河合はトヨタ生産方式の進展に合わせて、班長、組長時代、段替え（段取り替え）を大幅に短縮させている。

段替えとはたとえば鍛造部品など複数の種類の製造物をひとつの機械でつくるため、別種の部品を製造する設定に変更する作業のことだ。

鍛造プレスでは金型の交換作業などを言う。段替えの間は機械やラインは止めなくてはならない。そのため段替え時間を速くする。段替えが少なくなるような製造を考えることが必要になる。

F1レースのピットインでタイヤ交換する作業があるが、トヨタのラインにおける段替えを見ていると、あれと同じように、あっという間に金型を交換したり、設定を変更したりしてしまう。

【河合の話】

段替えは、たとえば鍛造プレスでAという品物を打っとって、今度はBという品物を打つことがあるでしょう。その場合、金型そのものを替えなくてはならない。プレスには上型と下型がある。成形でもそうですよね。バンパーの形状が変わりゃ、上と下の型は替えますね。上下のセットを替えて、次の型を入れて、打つ。その時間をとにかく短くしないと生産性は上がらない。段替えに1時間かかって、3時間打って、また、1時間で段替えして3時間打って、なんてのはムダでしょう。設備を止めないために、いかに段取り時間を短くするか。そこにくふうがあるんです。

機械を止めてから全部取りかえるのか、ある程度、外で事前に段取りしておいて、1時間かかるところを30分にするとか。外段取りと言って、外でやれることはやって、中でやるしかないことをやる。中でやる段取りも、もっと短くすることを考える。

以前は型を替えるのに2時間くらいかかったんですよ。5種類の品物をつくって、2時間ずつだと、もうそれだけで10時間になっちゃう。打ってる時間がなくなっちゃう。また、型を替えた後に試し打ちがありました。ものによっては、10分とか20分、調整時間があった。型を替えて打つと、上型と下型が合わさるんだが、どうしても最初はズレる。最初の1発目は、ほとんどだめ。再現性はなし。初品を打って、ズレがあったら、補正しなくちゃならない。その場合、型を何ミリどちらの方向へ動かすかはその人の技能にまかせていたんです。つまり、勘の世界だった。対角線を計ったら0・5ミリずれとるから、じゃあ、0・3ミリずらしたほうがいい……とか。

今は、型にガイドがついていて、1発目から位置が決まるようになっている。私が入った頃は必ず試し打ちして、ズレを直していった。型がズレていた最初の2～3個は使い物にならないわけです。不良品は愛知製鋼さんとか他の鉄鋼メーカーへ送って、溶かすしかなかった。

鍛造プレスって、だいたい3回打って品物を作るんですよ。丸棒から粗地（あらじ）って、ある程度の形にする。その後、「中粗地（なかあらじ）」になって、最後が「仕上げ」。

丸棒の材料を型に合わせて1発打っても、端っこの方まで肉（棒材）が行かないもんですから、予備成形をして、最後に正寸に仕上げる。それが3工程から4工程といったところです。

また、打つだけでなく、ムダな部分を少なくすることも大切です。丸棒を加工して、捨てる分をどれだけ少なくするかというのも我々の競争力です。それだけではない。鋼材自体の進歩もメーカーに促しています。OBの竹川さんがやっていた火花の検査も今はやっていない。鋼材自体の質がよくなったから1本ずつ、検査する必要がなくなった。何度も打たなくとも強くて粘る鋼材が開発されました。

今は鍛造プレスでやっているけれど、当時は蒸気で動かすスタンプハンマーって機械で何度も打って品物を作ったんですよ。足のペダルで、力を入れると、ドーンと打てるし、軽く打つと、ストンとなる。最初は軽くトントントンと打って、形を整えてから、最後にドーンと打つ。まったく職人の仕事でした。

今でも、世界のいろいろな鍛造メーカーではスタンプハンマーで作ってますよ。そうすると、担当する職人の技能によって歩どまりだとか、製品のよしあしが変わってしまうんです。

スタンプハンマーを使う鍛造屋っていうのは、勘とコツの世界で、マニュアルがあっても、マニュアル通りの品物ができないという世界でね。プレスだって、下は固定なんですけど、上はラム（上下に動く部分）で動きますよね。そうすると、ラムガイド（ラムの上下運動によって擦れ合う部分。摩擦を抑えながらラムを一定の軌跡で動作させる）が減ってくるとガタがきて、上の型が逃げる。そうすると、型ズレが出る。何度も打っていると、型ズレは起こるんです。

ロットを小さくする

トヨタ生産方式には、ロットを小さくするという考え方があります。

前に言いましたけれど、鈴村さんから「パレットを2つためるとは何事だ」と怒られた話があったでしょう。

翌日からすぐにワンパレット単位で打つようになったんですよ。しかもワンパレットが50個から30個になった。その後、もっと少なくなっていった。

昔は1千個単位、2千個単位で品物を打って、帰るころに段替えする。そして、次に入った直の人が打つといったやり方だった。ロットが大きかった。今でも、他のメーカーの鍛造部門では1回の段替えで、1日か2日は同じ型を打ってるでしょう。Aというものを2日打つ、それでBというのをまた2日打つ。鋼材の山があって、それがなくなるまで打つというのが今も昔も鍛造の現場なんです。

ところがトヨタ生産方式はそれはしない。ロットを小さくして段替えも頻繁に行う。段替えの時間も短縮する。

鍛造というのは熱を使いますよね、熱を使うと、型が摩耗するんです。熱で型がだれてくる。そうすると、一度、型の面を修正しないと打てない。ロットを小さくすることによって型のダレを防ぐことにもつながる。

大量にドーンと打って置いとくわけじゃなくて、ちょっと打って、ちょっと打って、ちょっと打って、1日に何回も打つ。車は1台ずつラインを流れているのだから、車の台数に合わせて1個ずつ打つのが目標ではある。まだ、そこまでは行っていないけれど、ロットはずいぶんと小さくなっている。

段替え時間とはそれまで打っていた品物を止めた時から、次の号機で打てるまでの時間。型を取り換える時間だけでなく、調整時間も入っている。そして、鍛造の時間とは実際に打っている時間のことなんですよ。

たとえば溶接だったら、火花が出ている時間が溶接の時間。火花が消えた時点から、次に火花が出るまでは手待ちであり、止まりの時間になる。この手待ちや止まりの時間をくふうして、カイゼンして縮めるのが大切なんです。

鍛造で言えば、段替えを1時間以上もかけてやっていたのを、外で次の型を段取りしておくとか、人の動きを一筆書きにするとかね。

僕が担当していたところは1時間半くらい段替えにかかっていた。それを2年くらいかけてカイゼンして、9分にしたんです。鍛造で初めての「シングル段替え」（10分以内の金型交換）だったから、表彰してもらいました。

これまで型を組むのに、たとえば、僕らは「土管」と呼んでおったけれど、土管のなかに8個の型が入っている。4本の土管があるから32個の型をすべて取り出し、そして次の型を揃えていれた。全部出して、全部入れかえてた。それをやめて、土管の上をくりぬいて、上から紙芝居みたいに抜き差しにしたんです。必要なとこだけ抜いて、必要な型だけ入れかえるようにした。

「なんだ。最初からそうすればいいじゃないか」

みんな、そう思うよね。でも、カイゼンなんてそんなもんなんです。後から考えると、「なんで、こんなこと最初からやらなかったんだろう」と思うようなことなんですよ。原理原則、現地現物から考える。それがトヨタ生産方式なんです。カイゼンをいかにやって生産性を上げるかなんです。

トヨタ生産方式の勉強

トヨタ生産方式についての勉強は養成所でもあったし、入社してからもありました。24～25歳のころ、1年間、技能専修コースという教育があり、そこでも鍛えられました。

あの鈴村さんの講話があったんですよ。鈴村さんがトヨタ生産方式について、1時間、話をするわけです。

その後「質問はないか」とおっかない顔で、周りを見渡す。誰も質問しませんよ。怒鳴られるのはわかってるから。

僕は鍛造で怒られた覚えがあるんで、よしと思って、「質問」と手を挙げた。

鈴村さんは嬉しそうな顔になって、「よし、こいつを怒鳴ってやろう」と思ったんだね。「お前、前に出てこい」と。

「おう、お前、何がわからん？　言ってみろ」

僕は言ったんですよ。緊張してたから、つっかえ、つっかえでしたけれど。

「鈴村さんは、鍛造でロットを小さくしろ、段替えを数多くせよと言いました。そうしてリードタイムを短くしろと。

でも、機械をとめて段替えばっかりやっとったら品物はできません。それより段替えを少なくして、機械の稼働率を上げたほうがいいと思います」

そうしたら、怒鳴られました。

「お前はばかだ！　幼稚園より悪い」と。

でもね、優しい人なんですよ、ほんとは。

「おまえは幼稚園よりあかんな。でも、大したもんだ。だいたい、おれに質問してくるやつは最近おらん」

にこっと笑って、「おまえはレベル低いけど、手を挙げて前まで出てきただけ立派だわ。教えたる」と。

それで、トヨタ生産方式の考え方、ロットを小さくすること、段替え時間を速くすることを丁寧に教わりました。おそらくトヨタ生産方式を初めて聞いた人は僕と同じ考え方になると思うんですよ、大量に作って置いておいた方が手間がかからないからいいじゃないか、と。

でもね、大量に作って置いておくというのは付加価値のない作業なんですよ。僕はいつも言っている。

「モノは売れるスピードで形を変えながら流れていく、形を変えてないところは動いていたって付加価値はない」

溶接での仕事とは火が出た時のこと。離れたときには仕事じゃないよ。では、動きを1歩短くするとどうか。3歩歩いていたのを2歩にすると、0・5秒短縮になる。そうして、徹底してムダを排除する。やりにくい動作だったら、やりやすくする。やりにくいとこを続けさせせとったら、必ず人によって時間がばらつく、標準作業ができない、それから不良も出やすい。だから、とにかくカイゼンですよね、限りなくカイゼンをする。

世の中の会社に「うちはトヨタ生産方式をやってます」という会社はいくつもある。「カンバンつけました。アンドンもあります。見に来てください」

行ってみると、ぜんぜん違うんですよ。一度、生産性を上げたら、そこで終わりだと思っている。カンバンとか、アンドンとか、道具を並べることがトヨタ生産方式ではないんです。全従業員が、今よりいいやり方で働く。ムダを自分で見つけてカイゼンする意識がなければ、いくら道具をつけてもダメです。アンドンは異常を見えるようにするためのもので、見つけたら、それをカイゼンする。カイゼンをする風土がなかったら、トヨタ生産方式を導入することはできません。1回、ラインをカイゼンしたらそれで終わりというわけではない。そこからどれだけカイゼンするか、効率を上げていくかが問題です。カイゼンは終わりません。ベストなんてないんですよ。

僕ら、考えながら、カイゼンしながら現場の仕事をしとるでしょう。海外からマスコミの人が見えると、不思議だって言うんですよ。

「あなたたちみたいな現場の労働者が経営者みたいに考えながら仕事をするのは不思議だ」

こう続けますよ。

「普通、現場作業というのは、みんな給料が一緒だから、言われたことをやるだけなのに」

トヨタでは作業者も経営者も一緒です。みんな、今までとは違う仕事をやろうとして考える。カイゼンする。カイゼンしたり、創意「くふう」すればちゃんと、お金ももらえるしね。

今でも毎日、現場を見てますよ。風呂入ってるだけと思っているのもいるけれど、これでもちゃんと仕事はしてる。鍛造だけじゃなく全工場、海外も回って、カイゼンできるところを見つけている。

何も持たんで歩いているのを見つけたら、声をかけるよ。

「何やっとるの」

「いや、部品が来ないんです」

それで手待ちになっていた。そいつが悪いんじゃなくて、システムが悪いんだな、と。

その場でカイゼンする。

現場の床にボルトが1本落ちていた。ボルトの上へ乗ったら、足を滑らせてけがするかもしれん。ボルトを見て、迂回して歩いたら、ムダな歩行になる。そういう小さなこと、ひとつひとつをカイゼンするのもトヨタ生産方式です。きれいに掃除することだって生産方式に寄与しとるんですよ。入門の1年生は、最初はそれから始めればいいんだ。

労働強化ではない

トヨタ生産方式は長い間、誤解されてました。今もまだ誤解されているかもしれない。いちばん多かったのは「あれは労働強化だ」という言葉です。でも、ちゃんと説明すれば労働強化ではないことがわかるでしょう。トヨタ生産方式は徹底的にムダをなくす。ひとつの動きのムダも省く。ムダを省いて正味率を上げているだけなのに、世間から見たら、それが労働強化みたいに見える。

僕たちは一度も作業者に「速く動け」なんて言ったことはないんですよ。コンベアも車が売れるスピードでしか動いていない。むやみに速くするなんてことはないんです。

ただ、現場で働いている人からすると、ストップウォッチを持った人が後ろに立つのは嫌なのかもしれない。しかし、ここも誤解がある。働いている人が楽になるように標準時間を決めているし、また、いきなりストップウォッチで作業を計測するわけじゃない。人間関係ができてからでないと、誰も協力はしませんよ。

ムダをなくし、正味作業だけつなげると、それまで2人でやっていた作業をひとりでやれるようになる。作業は変わらないのだけれど、2人でやってたことを1人でさせられるのは誰しも抵抗がある。それが労働強化だと思われてしまうんですよ。

アンドンという道具に対しても誤解があります。あれ、大野さんが導入した最初は「トイレに行きたくても言えない人」がいたから、アンドンを付けたんです。世界の他の生産現場では作業者がラインを止めるなんてことは難しい。

また、作業者が紐を引くのはやりにくい証拠を顕在化することでもある。トヨタではアンドンの紐を引いてもラインを止めたやつがダメだなんて、誰も思っていない。そいつが手が遅いからダメなのでなく、時間の停滞、ばらつきが出るのはおかしいから、そこをカイゼンするためにアンドンの紐を引いてもらう。

ですから、トヨタではラインを止めた時、応援に入った班長が「止めてくれてありがとう」と言うようになっている。ここは意外と知られていない。

僕らは何かあったら、つねに止めろと言われてきました。止めることが問題を顕在化するから。それを慌てて隠したら、いつまで経ってもカイゼンされない。それがいちばん悪いこと。

結局、そういう積み重ねなんです。従業員ひとりひとりが、そういう意識でカイゼンをする集団だから生産方式がどんどん進化する。トヨタ生産方式についてはいろいろな本が出ていて、表面的に真似をしている会社がある。しかし、行ってみると、在庫が山積みになっていたり、製品が止まったまま置いてあったり、遠くまで部品を取りに行ったり、振り向き動作が多かったり……。

現場にいて、カイゼンしたり、くふうしたりすると、喜びがある。自分がカイゼンしたことで、反対番（次の直の作業者）が「お前、すごくよくなったぞ」と言ってくれる。やりがいがあるから、また、何かカイゼンしなきゃって思うんだよ。

自分が発想したこと、自分が考えたことで「お前、なかなかうまいこと考えたな」って言ってもらえるのは何とも嬉しいことなんだよ。オレはおだてに弱い。

あと、カイゼンが得意なやつって、どちらかと言うと、横着なやつなんだ。

「壁にあるスイッチ、いちいちつけたり消したり面倒だから、リモコンにできないかな」

そんな風に考えて、楽をしようとするのがカイゼンの第一歩。つらくなるカイゼンなんてないんですよ。

でも、うちに帰って、女房の料理を「カイゼンしろ」なんて言ったことないよ。だって、手抜きされちゃ困るから。

それより、自分の日常のことが気になるんですよ。僕はテーブルを作ったり、野菜を育てたり、いろいろなことをやってるんだけど、「明日は大根の種をまくから、帰りに農協に寄ろう」とか、段取りしておかないと不安なんですよ。朝、畑に着いて、さて、やろうとしたら、あれがない、これがない。買いに行ったら、売ってなかったとか。すぐに半日くらいつぶれちゃう。トヨタ生産方式の考え方が体にしみついている。

失敗で教わる

現場の仕事をしていた時、教わったことがある。今でも忘れられない。

あの頃はカイゼンでも、お金を使っちゃいかんという時代だった。会社にお金がなかったからね。僕は生意気だったから、「組長、ここに部品の仮置き台があると、いいんですけどね」と提案したんですよ。図面も描いてね。自分で作るにはちょっと複雑な品物だったから、メーカーさんに作ってもらった。組長が「わかった」と言ったから、喜び勇んで図面をメーカーさんに渡しにいった。

できあがってきたら、高さが足りなかった。これじゃ、役に立たんなと思った。でも、お金をかけて作ってもらった以上、言い出しにくいから、そのまま使ってたわけです。使いにくいから、困ったけど……。

案の定、組長が寄ってきたんですよ。

「河合、この台はあかん」

何も言えなかった。

「河合、俺は図面を見た時、失敗することはわかってた。位置も悪いし、高さも低い。でも、お前も失敗してみたら、わかっただろう」

組長は何も言わず、失敗させてくれたんですよ。その後、こう言われました。

「こういうものをつくるときには計測が大事なんだ。まず、俺を使え」

台の代わりに、組長に立ってもらって、位置や高さを加減して、もう一度、作り直したんです。そうしたら、ちゃんとした仮置き台になった。

トヨタってそういう会社なんですよ。失敗をさせてくれる。僕も管理職になった時、若い衆が言ってきたら、たいていはＯＫしました。

「河合さん、こういうことやりたい」

えらい力んで言ってくるんだ。信念を持って言うからね、まあ、いいか、一度やってみろと。金を出して、失敗しても、そいつがわかればそれでいいんですよ。育てるって、そういうことなんですよ。

現場で教わって、現場で失敗して、現場で育つ。トヨタは現場の会社ですから。

音でわかる

ひとつ、面白い話があるんだ。でも、現場の人しか実感としては、わからんかもしれん。うちのおじさん、上郷のエンジン工場にいて、自分の車を作ろうと思った。それも、エンジンも自分で作りたいと思った。めちゃくちゃ精度のいい部品ばっかりを集めて、エンジンを組んでみたら、異音が出たんだ。いいものばっかり集めて全部組んだら、ものすごいエンジンができるかと思ったら、そうでもなかった。

適材適所なんですよ。機械のある部分は精密でなければならん。しかし、この部分はそれほどでなくてもいいというバランスがあるんです。人間の集団もそうかも知らんよ。竹川さんは火花で検査していたけれど、昔の人たちは、官能で検査してましたね。

「この音が出たらやり直し」とか。

僕らはわからないんです。一度、鍛造で一部おかしいものがエンジンに組みこまれたっていう恐れがあった。交換しなきゃいかんとコンロッドを外すことにした。オイルパンを外して、ファイバースコープを入れて間違ったコンロッドを探す。コンロッドには1個ずつ型番があって、B1とかB2とか。そうして、見つけたらコンロッドを抜いて、新しいコンロッドを入れて、シリンダーを入れる。ただ、きれいにうまく入れんとシリンダーに傷がつくことがある。そのちょっとした傷を彼らは官能で識別できる。

それで、呼ばれるんですよ。

「こんなの、だめじゃないか、シリンダーに傷が入っとる」

音でわかる。耳をすますと、チチチチって異音がするらしいけれど、僕らはまったくわからない。

昔の人って五感でほとんど判断していた。今でこそ計器がいっぱいあるけれど、それでも計器だけでは絶対にわからないこともある。違和感を感じられるかどうか、ですよ。

うちの社長（豊田章男氏）、「私は商品の最終フィルターです。だから、自分自身のセンサーを磨き続けなければならないと思っています」って言ってるけれど、ちゃんとわかるんですよ。社長も自分で車を運転していて、いいか悪いかを官能で判断している。「これはブレーキの踏み出しが今ひとつ」とか、そういうことには実に詳しいですよ。そういう人がいないと、モビリティは進歩していきません。人の知恵、くふう、感性が衰えてきたら、技術は進歩しない。進歩、進化させるのは人間です。機械が機械を進化させるわけじゃなくて、人間が知恵とくふうを入れて進化させる。

「この機械はベストじゃない、もっとうまく、溶接させなきゃいかん」

「もっと型抜きをきれいにしなきゃいかん」

トヨタ生産方式って、毎日いい車をつくることを考えろということなんです。

8　工長の白い帽子

１９９２年、バブルが崩壊した後、河合満は工長になった。班長になったのは１９７８年で、組長になったのが１９８３年。組長から工長になるには10年かかっている。トヨタはプラザ合意の後の円高を乗り切るために、海外へ工場を進出させているところだった。

【河合の話】

「おい、帽子は重いか」

会社に入った時に何になりたいかといったら、まず班長になりたかった。僕は仕事が好きだし、作業者の時からいろいろなカイゼンをやっていたから、自分としては自信を持っていた。でも、班長にならないと、相手にされないところもあるんですよ。

生産技術部から人が来て、「こういう設備を入れたい。テストをして、こういう工法にしたい」と言ってきたことがあった。当時、自分としては、「オレに話してくれ」と言いたかったけれど、そうはいかない。向こうは、「班長はいないか」と。やっぱり職制にならないと認めてもらえないんだな。そう思いました。

だから、班長になったのは嬉しかった。

「これだけの人間を束ねて、おまえがちゃんと面倒を見るんだぞ」

会社に職制として認められたという部分でやりがいがあったし、うれしかった。初めて部下を持たせてもらったわけだから。

それと作業帽に線が入るんです。僕が班長の帽子をかぶって歩いていたら、工長に言われた。

「おい、河合、その帽子は重いか」

即答できなくて、「いやあ」とあいまいな返事をしたら、「おまえ、だめじゃないか」。

「いいか、おまえは線の入った帽子をかぶっとる。それだけ責任があるんだぞ。重く感じてもらわないかん」

以来、僕は部下が昇格して班長、組長になったら、「おい、帽子は重いか」って聞くんだ。すると、「えっ？」。

「ダメだ。おまえ、責任があるんだぞ」

また、班長になると現場に立ち机をもらえるんです。キャビネットみたいな立ち机で、ちょっと斜めになっている。そこで日誌を書いたり、メモしたり。

作業者は机はないし、椅子もない。

班長を経て組長になると普通の机になる。現場の一角に休憩所があって、そこの一角に机を置く。日報とか、1日の仕事をまとめる机がある。

工長になると、現場のとは違う棟の事務所に来る。そこに机を置く。

給料袋とパチンコ

班長の時はまだ給料袋だった。振り込みになったのは組長（1983年）の頃じゃないかな。

昔は給料袋を組長とか班長から渡されるんですよ。それも、仕事が終わって、ひと汗流した後です。最初は風呂に入る前に渡していたらしいけれど、風呂のロッカーに忘れてきたり、なくしたりするやつが結構いた。服を脱いで、どこかの上にぽーんと置いて、風呂に入ると、すっかり忘れちゃう。だから、組長とか班長は、部下が風呂に入って出てくるのを待っていて、「はい、ご苦労さん、ご苦労さん」と渡したんだ。毎月、25日にね。

班長になった時、言われたんだけれど、

「河合、みんなの給料はちゃんとまとめて持っておくんだぞ。それから渡せよ」

どうしてかといったら、戦前かな、ある組長がみんなの給料をまとめて鍛造の炉の上に置いといたらしい。火はついていなかった。ところが、置き忘れたままの状態で、炉に火を付けてしまって、全部燃えちゃったんだ。大変だよ。全員の分がパーになった。

あの頃は、給料をもらうと、次の日に会社に出て来んやつが何人もいた。大酒を飲んだり、蒲郡の競艇ですってんてんになって、帰ってくる金がないから、まだ蒲郡にいるとか。職人気質が残ってたんだね。

僕自身は競艇は、先輩に連れられてたまに行ったくらい。パチンコは名古屋が発祥だし、豊田市にもたくさんあった。今もある。

僕はパチンコは結構やった方だけれど、でも、知れとるな。まだ、手打ちの時代だったからね。養成所を出てすぐの頃かな。夜勤が終わって、朝飯を食ったら、9時にパチンコ店が開く。それっと出かけていって、昼ぐらいまで打って、帰って寝る。そうすると、頭の中でパチンコ玉がちゃらちゃら出てくるから、またやりたくなる。

鍛造は早く出てきて炉に火を入れて温めないといかん。3人くらいが交替で早出するんだが、その前にパチンコをやっていて、たまに玉が出ることがあるでしょう。会社に行かなきゃいけない時に限って、どんどん出てくる。パチンコ屋を出ないといかんけれど、なかなか席を立てない。

「悪い、たばこ代やるから、ちょっとおまえ、先に行って炉に火を入れてくれ」

そうして、出社ぎりぎりまで打つ。やめるにやめれんでしょう。でも、仕事に遅れたことはないよ。早出を替わってもらったことはあるけれど。

工長になる

工長になったのも嬉しかった。44歳か。早い方だ。工長は現場の最高責任者で、組合でも最高責任者になる。工長になると帽子の色が変わるんだ。トヨタの人間の作業帽は全員、紺色で統一している。社長も副社長も紺色。けれども工長だけは白と決まっている。白い帽子をかぶることができるんだ。

僕らが若かった頃の工長はもう神様みたいな人でね、現場へ出てくると、みんな、あいさつして、緊張して。なかでも、伝説の工長って人がいた。鍛造では太田さん。みんな、「オヤジさん」と呼んでいた。

大昔の工長はガミガミ怒って、大騒ぎしてわっと叱りつける人が多かったらしいけど、太田さんは静かなものの言い方だけれど、厳しかった。やさしく言うけれど、胸に響く。他の工場の工長や役員にも一目置かれていた人だった。現場で太田さんに歯向かう人なんていなかった。それぐらい威厳のある方だったね。

当時、工長は鍛造工場に10人とか15人はいた。工長は3つから4つの組を持っていた。あの頃は一組が30人とか40人はいたけれど、今は自働化、ロボット化が進んでいるから、一組は10人くらい。

現場の技能系で工長の次に課長になる人も少ないけれどいる。課長からは労働組合員ではないんだ。課長はどうだろう、工長を6人とか8人は持っていたね。

工長は技能系では最高レベルの職位です。ですから、課長になるのは簡単ではない。そして現場の人間が誰に従うかと言えば、課長よりもやはり工長なんです。課長はほとんど大学卒で、現場からたたき上げた人間ではないから、現場のことで頼りになるのはやっぱり工長なんです。

他に、現場の技術系で、開発をしたり、設備を更新したり、設備をもっとよくするために働いている人間がいる。それが技術員で、技術員室にいる。これは生産技術部と違い、鍛造部の技術員室ですから、鍛造設備の面倒を見る。その技術員室から出て、課長になるというコースもある。

課長の次は次長です。次長になるには現場上がりだと千人に1人くらいの割合だと思う。それから部長、役員ということになるけれど、これはもうその時のトップ次第の人事になる。

白い帽子は汚さない

工長の帽子だけは白です。それはトヨタの工長にとっては誇りなんですよ。それが、僕が部長になった頃だけれど、人事から、「河合さん、作業帽はこれから、どれも紺色にします」って連絡がきた。

オレは怒ったね。自分の古い白の帽子を持っていって、談判したんだ。

「オレたちはこの色を目指してがんばってきた。工長の白い帽子は現場の象徴だ。帽子の色を汚すなと教育されて頑張ってきたんだ。お前ら、それを勝手に紺色にして……。いったい、どういうことだ！」

怒鳴り込みだな。

「河合さん、もう作ってるんですよ」ってしどろもどろだった。

「よし、わかった。すぐにやめさせろ」って。

白い帽子の工長がみんなを育てたんだ。今の役員も技術屋も現場の工長が育てた。工長が油まみれで頑張った。その時でも、白い帽子は汚さなかった。簡単に紺色にされてたまるか、と。

白い帽子には重みがあることを伝えたかったんだ。オレは工長をやめた後でも、白い帽子だけは大切にして持っていたから。

帽子の質も工長のがいちばんいいんですよ。役員帽なんて、安っぽくて。もっとも役員はあまり帽子をかぶらんけどね。

僕だけじゃなく、人事には工長が大挙して抗議に行ったらしい。オレは生産の役員会にも帽子を持っていって、「この色じゃなきゃダメなんです」と主張した。

それでまた、白い帽子に切り替えた。

その晩かな。技能系の連中が集まって、白い帽子をかかげて、一杯飲んだ。なぎさ寿司って寿司屋でね。工長の経験者がみんなで白い帽子をかぶって、乾杯したんだ。

帽子には思い出がある。僕らは班長、組長、工長になった時、帽子と昇格の辞令を一緒にもらったんですよ。だから、重みがある。それがいつからか、昇格すると、人事から帽子のタダ券をもらって、自分で取りに行くことになった。その時も怒ったんだ。辞令よりも、帽子の方が現場では重みがあるんだ。帽子は重みがあるし、目立つ。照れくさいし、半面、嬉しい。昇格した頃はかぶっていて落ち着かないんですよ。それから慣れるにつれて、帽子も似合ってくる。

だから、帽子は上の者が渡すことにもう一度、変えたんです。

辞令と一緒に帽子を渡す。

「おい、工長になったんだから頼むぞ。帽子の責任を感じろ。おまえのところで何か問題を起こしたら、黒いマジックで帽子に線を引くぞ」

そうすると、いやあ、勘弁してくださいって、みんな言うな。

工長は特別なんです。工長がすべてモノ作りの責任を持つ。前面に出る。工長が俺の部下にはそんなことやらせないと言ったら、誰も手は出せなかった。その代わり工長がやると言ったら、火のなか、水のなかも飛び込む。それくらいの存在ですよ。

9　鳴り止まなかった電話

「トヨタショック」

１９９２年に工長になった河合は課長、次長を経て、鍛造部長（２００５年）になる。

２００７年、アメリカにおける住宅バブルは崩壊し、サブプライムローンにかかわっていた大手投資銀行リーマン・ブラザーズが経営破綻した。アメリカから始まった信用不安は世界的な金融危機へと広がり、各国の株価は下落する。２００９年３月には日経平均株価が７０５４円となり、バブル経済崩壊後の最安値となった。

自動車業界への影響は深刻なものがあった。新車市場は先進諸国を中心に急激に冷え込んでいった。

トヨタは２００８年度（２００９年３月期）の通期業績予想を、営業利益６０００億円、純利益５５００億円としていたが、大幅に下方修正し、12月には営業損益が１５０

0億円の赤字、純利益は500億円と再修正した。さらに、2009年2月にも3度目の修正を行い、営業損益は4500億円、純損益は3500億円の赤字と予想した。トヨタにはあるまじき、業績の下方修正と赤字転落は、マスメディアで「トヨタショック」と報じられたのである。

結局、リーマンショックに端を発した、販売台数の落ち込みと急激な円高の影響で、2009年3月期の売上高は前年度比21・9%減の20兆5295億円へと大幅減収となった。営業損益は4610億円の赤字、純損失は4370億円。前期の最高益から一転して過去最悪の赤字決算に陥ったのである。

だが、皮肉なことに、世界の自動車メーカーはいずれも販売が落ち込んだため、897万2000台を売ったトヨタは、ゼネラルモーターズ（835万6000台）を抑えて世界販売で初めてトップに立った。

【河合の話】

50歳で課長やって、次長やって、主査やって、部長やって、理事やって、で、技監もやって、専務、副社長。50歳から名刺が9枚変わった。50歳からは2年ごとに変わったけれど、理事は5年やったね。50歳からはけっこう、苦しい日々だった。

2002年頃から、トヨタ自動車は毎年、50万台ぐらいずつ急激に伸びていったんです。ちょうど課長の頃ですよ。2002年から2008年くらいまでの伸び率は、僕らが入社した昭和41年のモータリゼーションのカーブとほぼ一緒です。

2002年ぐらいから、海外でもお客さんに好評で、増産が続きました。海外の工場でも、ラインをどんどんひいたのだけれど、台数を作るための長いラインになってしまった。減産になった時、ラインをコントロールできなくなったんです。長い、大きなラインですから、生産を減らすなら、人も減らさなきゃならない。ところが、あまりにも長いから、人を減らすことができない。間違ったやり方で知恵と「くふう」のないラインをたくさんひいたんです。

ただ、そこからまたカイゼンです。大きな機械を入れたら、そこに滞留ができるし、壊れたら保全の専門家を呼ばなければならない。それよりも、もう一度、手作業のラインを作って、そこで、高いレベルの人を育てようじゃないか、と。

手作業のどこがいいか。

例えばエンジン。手作業で1人で1台のエンジンを組んでみると、原理原則がわかる。頭の中にノウハウが全部、入る。次にラインをひくときに、この仕事は前でやったほうがいい、これは後でやったほうがいいとわかるようになる。

なんでもかんでも機械におんぶしてしまうとそういうことがわからない。機械が機械を進歩させることができない以上、まず、人の技能を上げて、それをロボットにやらせるようにしなければならない。

僕のところに溶接コンクールで一番のやつがおるけど、彼がやったらすごくうまいし、めちゃくちゃきれいだ。彼の技能をロボットに移植すればいいんですよ。まずは人間の技能を上げる。手作業とラインにおける技能をスパイラルアップしていかなければならない。技能のある人がロボットに教えれば、もっと高いレベルの溶接をするようになる。

60歳でやめるつもりだった

僕が副工場長になったのが2008年。60歳でした。なんと生産台数が世界一になったんですよ。だが、リーマンショックの後だから、これはちっとも喜べないですよ。赤字なんだから。

その前の年まで、僕は60歳になったらやめようと思っていた。養成所の出身だから16歳から働いている。大学卒よりも6年間、長く働いている。年金は60歳からもらえたから、やめるつもりだった。ところが、その年、内山田（竹志・当時副社長）さんから、「河合くん、理事で勤めてくれ」と言われて……。内山田さんには絶対に「嫌だ」とは言えないんですよ。「もう勘弁してください」と一応は、ごにょごにょ言ったのだけれど、「理事でやってくれ」。それで、「はい、わかりました」。

仕方がない、やろう、と。そうしたら、翌年、リーマンショックです。その後、品質問題でリコール。続いて東日本大震災が起こって、タイの大洪水……。その折々はやめられないですよ。何か逃げるみたいでしょう。そうして、65歳。V字回復した。よし、今しかない。やめよう。そうしたら、また内山田さんがやってきて、「河合くん、技監で残れ」と。

「すみません、内山田さん、勘弁してください、僕、もうやりたいことがいっぱいありますから」

そう申しあげたんです。

「いや、何を言ってる。もう少しだから、やれ」

それで、あと2年だ。2年したら、好きなことをやろう。山へ行ったり、木彫やったり。人生の愉しみがたくさん残っているはずだ、と。

苦境は続く

リーマンショックの後も、トヨタの苦境は続いた。

アメリカでの事故を受けてリコール問題が起こった。２０１０年、社長の豊田章男は緊急の記者会見を行い、一部のお客様に不安を与えていることを陳謝したうえで、豊田社長を委員長とする「グローバル品質特別委員会」を設置して、品質への取り組みの検証や改善、世界の各地域軸の取り組み強化などを柱とした活動をただちに進めていくことを発表した。その後、豊田はアメリカに行き、下院の監督・政府改革委員会の公聴会に出席し、トヨタ製自動車の品質について証言した。公聴会では下院の各委員から電子スロットルを含むトヨタ車への疑念や厳しい質問や批判があった。だが、豊田は自らの意見を述べ、謝るところは謝った。当時、ＣＮＮの看板トーク番組だった「ラリー・キング・ライブ」にも出演し、誠実に答えた。結果、批判は急速にうすれていった。
２０１１年には東日本大震災が起こり、続いて、同じ年、タイでは大洪水が起きた。政府機関の発表によれば82万４８４８家族、２４８万４３９３人が影響を受けた大洪水だった。タイに工場、協力工場があったトヨタは部品の調達に支障をきたし、生産が計画通りに行かなくなった。トヨタという会社は外から見ていると、順風満帆のように見えるが、頻発するトラブルに懸命に対処していることがわかる。

【河合の話】

開かずの個室

60歳で副工場長、理事になり、本社の事務棟に個室をもらった。でも、オレは現場にいると答えた。品質問題、大震災、タイの洪水の時も現場で仕事をしていたからだ。事務棟の個室にいて、パソコンや電話で指示を与えても事態は解決しない。会議のときはそりゃ行くけど、「オレは鍛造の事務所にいる」と宣言した。
専務、副社長になってからも、本社事務棟にはほとんど行っていない。今でも現場だ。

2013年に技監になった時、「こんどは個室に入ってくれ」と、また事務棟に部屋ができた。それでも行かなかった。そうしたら、当時の副社長や専務が来て、「河合さん、どうして個室を使わんの?」と。

「オレはここで仕事をしてる。ここで風呂に入って、現場を見てる」

頑固なジジイだと思ったんじゃないの。でもね、オレは執行役員だから、現場に間違いがあってはいかんから、離れるわけにはいかんのだ。結局、技監の間の2年間に一度も個室に入らなかったし、部屋の鍵を開けもしなかった。そうしたら、2015年に専務になったでしょう。

それで、技監の時の個室のなかを見たことがなかったから、秘書の大江さん(大江和子)に、「悪いけど、部屋を見てきて、写メ撮ってくれ」と。

大江さんが、「河合さん、どうして?」と聞くから、「いや、2年間1回も開けたことない。一度、見てみたい」。

……なんだ、河合さん、自分で行けばいいのに、とぶつぶつ言ってたね。写メ見たら、なかなかいい部屋だったけど。

初めて役員会に出たのは60歳で理事になった時です。理事は、当時は生産部門役員会って、生産現場の副社長以下の、役員の会議に出席することになっていた。今はもう生産役員会はやっていません。

専務、副社長は経営会議には出るんですよ。月に1回。常務役員以上は全員出席です。多いときは海外も含めて40人ぐらいおるね。まあ、役員会でも、自分の考えるところをちゃんと言います。みんなが言ってほしいと思うようなことは言わんけど。

専務、ありえん

河合が専務役員になったのは2015年だった。入社して50年目である。世界の自動車会社の役員のなかで、中学校卒業というのは彼ひとりだろう。

「モノ作りニッポン」とか「当社は現場を大切にする」「当社に学閥はない」「学歴無用」……。さまざまな言葉で威勢のいいことを言う経営者は大勢いる。しかし、現場上がりで、しかも、耳に痛いことをストレートに言う男を専務、副社長に抜擢したのは数いる経営者のなかで、豊田章男ひとりだ。

また、他の役員も誰ひとり反対していない。反対どころか大賛成している。トヨタについて書いている新聞記者、ジャーナリストは数多い。しかし、河合を抜擢したことについて、ちゃんと触れている人は地元のメディアをのぞくとほぼいない。

自動車を取材している記者はトヨタのどの部分を見て、報道するのだろう。

モノ作りを大切にする姿勢とは豊田が河合を抜擢したように、現場の人間に報いることではないのか。

豊田章男が判断したことを彼らはどう評価しているのだろうか。トヨタの人事はつねに「お友だち人事」「腰ぎんちゃくを大事にする」とされてしまう。では、河合はお友だちで、腰ぎんちゃくなのだろうか。

豊田と河合、ふたりの前で、「豊田さん、河合さんはお友だちで腰ぎんちゃくですか?」と聞いたとする。いや、一度、絶対に聞いてやる。

豊田は即答するだろう。

「野地さん、やめてくださいよ。私はこんな頑固な人の友だちではありません。困ります」

河合も言うだろう。

「おう、いいね。明日から、オレは腰ぎんちゃくやるぞ。社長、毎日、ついて歩く」

「河合さん、それだけは絶対にやめてください」

「いや、やめません。付いて行きます」

そうしてふたりはガハハと笑うだろう。ともあれ、あの時、河合は豊田章男と内山田竹志（会長）に呼ばれた。


【河合の話】


内山田さんは、もともと生産担当の副社長で、生産部門役員会で出会った。僕は副工場長でした。その席でオレがいろいろ発言していたんだ。現場のことを知らない人間が何か言う。内山田さんにとっても腑に落ちないことがある。すると、オレの方を見て「河合さん、どう思う？」って話を振るんですよ。

いや、それはおかしい。現場はそんなことはできない。無理やりやらせるなら、オレは横を向く、と。

すると、帰りに言われたんですよ。

「河合さん、感服しました。僕は役員会で、こんなにズケズケいう人に初めて会いました」

それから、親しくなって、「お友だち」ですよ、僕らは。

その後、内山田さんから「一緒にゴルフやりましょう」と言われて、技術部の部長クラスとかと一緒に8人くらいで、毎月ゴルフをやっていた。それで時々、内山田さんとゴルフに行ったり、蓼科へ泊まりでゴルフしたりと2年くらいかな、続いていた。

65歳で技監を受けた時、内山田さんには言った。

「自分で材木を買って、テーブル作ったり、庭で花植えたり、野菜作りたいです。でも、やる以上は徹底的にやります。2年間です」

内山田さんも「それはそうですね」と。

技監を2年やった頃、社長から呼ばれたんですよ。いよいよ、ご苦労様だなあ、と。作業服のまま社長室に行きました。スーツはめったに着ませんから。

そうしたら、社長と内山田さんがいた。

内山田さんが「河合さん、来年度から専務をやってもらう。ついては社長から説明があります」と。

即座に手を振って、「そんなのあかん。ありえん」。

そんな、専務なんて無理です。

きっぱり断りました。

すると、社長が断言した。

「専務という役職は河合さんの肩にのせるのではなく、背負って下さい。河合さんの背中を見て、自分もがんばろうという後輩が出てくれれば、それは意味があることではないでしょうか」

「わかりました。社長がそこまでおっしゃるなら、仕事はやります。しかし、肩書はいりません」

社長が言った。

「いや、河合さん、肩書は大事だ。河合さんには重いかもしれんけど、背負ってくれ。そうしたら後輩たちが、それを目指してくれる、そのために背負ってくれ」

いや、ありがたくお受けしました。ありがたい気持ちでした。

朝から鳴り続けた電話

専務になることが決まって驚いたのは、朝から電話が鳴りっぱなしだったこと。年が明けて3月に新聞で発表されたとたん、何本も電話がかかってきた。携帯じゃないよ。自宅の電話だよ。誰かなと思ったら、全部、現場の先輩たちだった。

「河合、おまえ、ようがんばったな、えらかったな」

みんな、最初のひとことはそれだ。その後は……。

「おまえんとこの社長はえらいな」って。

お前を認めたんじゃなくて、社長は俺たちを認めてくれたんだと感激していた。先輩たちは現場で真っ黒になって一生懸命、モノ作りをした人たちです。そんな技能系がやっと認められた。真っ黒になって働いた後輩が経営陣に仲間入りした。

オレも会ったことのない90歳のおじいちゃんからも電話がかかってきて、「おい、俺だけど、わかるか」って。

オレだオレだと朝から何本も電話がかかってくる。若いやつじゃなく、おじいちゃんからだから、オレオレ詐欺じゃない。

「おい、河合、わかるか？　オレだ。マツイだ」

はい、どちらのマツイさんでしたかと訊ねたら、「バカもん、マツイと言えばマツイだ」

はい、わかりました。先輩。マツイさんですね。

「そうだ。マツイだ。おう、そうだ。俺な、ちょっと年くってな、自動車の免許は息子に取り上げられたし、どこも行けんでうちのなかで、ふらふらしとる。でもな、おまえのこと、新聞で見たら、俺はうれしくなってな。息子に今電話せいと言ったんじゃ」

そういう先輩たちでした。あの日は1日、電話で話をしてました。

みんな、僕よりも10歳、20歳は上の先輩です。あの人たちは昔、頭もいいし、仕事もできた優秀な人たちだった。本来はオレが専務になるよりも、あの人たちが、なる方がよかったのかもしれん。だから、社長、内山田さん、経営陣みんなにすごい感謝している。ありがとうと言いたいし、言ってます。

あの時、最後に社長からもうひとつ言われた。

「河合さん、あなた、後輩を作らんと辞めたくても辞められんよ」

オレは言った。

「社長、俺より優秀な後輩なんかいくらでもいます。みんながオレに気を遣ってくれてるだけで、実際の力は後輩の方が上です。社長、心配せんでください。うちには優秀なのがいっぱいいます。すぐにオレはいなくなりますよ」

そうしたら、面白かったのかな、社長は笑ってた。

中卒の人間が副社長

今、専務をやっている田口（守）って、僕の後輩なんです。養成所出身。ただし、田口の時は高校になっていたから、彼は高卒。社長は田口をトヨタ工業学園長から、いきなり専務にした。それを聞いた時、オレは嬉しかった。

椅子からパッと立ちあがって、「社長、ありがとうございました」って、まるで親みたいに喜んだ。その時、僕は専務だったから、これで代わりができた、いつでも辞められると嬉しかった。すると……。

「河合さんもやるんだぞ」と。

「えっ？　何をやるんですか」

そう言ったら、社長が笑って、「そりゃ、副社長だろう」って。

その場で答えたんですよ。

「ありえん。そんなもん絶対ありえん。いや、中卒の人間が副社長なんてありえん。ましてトヨタみたいな大会社の副社長なんてありえん。専務でもありえんのに」

社長はもうニコニコしちゃって。

「河合さん、やってもらうよ。で、労使協の議長も頼む」

社長が言うんですよ。河合さんが労使協の議長だと、組合の人も困るよなって。そりゃそうだ。組合員のなかで、オレがいちばん長かったし、誰よりも組合費を払ってる。でも、実際にやり始めたら、他の役員が「河合さんは労働組合寄りだ」と。当たり前だよ。役員より組合員をやってた方が長いんだから。

田口は技術管理部にいて、車両実験とかをずっとやっていた。その後、トヨタ工業学園の学園長になったんです。学園は企業内訓練学校です。お金をもらって学ぶ養成所なんですが、だんだん普通の高校みたいになってきた。しかし、やはり企業内訓練学校なんです。大学への進学率がどうのこうのという高校ではない。規律、道徳心、仕事を愛する気持ちをきちんと教える学校でなくてはいかん。それで、卒業生から学園長を出すことにしよう、と。

田口にやらせたんですよ。そうしたら、見事にやってくれた。学園生を徹底的に鍛えあげてくれた。

「河合さんの部下で豊田と言います」

うちの社長、現場で人気があるんですよ。それはね、心があるから。ソフトボールとかバスケットの試合があると、可能な限り、観戦に来る。気配りができる人だから、現場にすっと入ってこれる。職場の人間関係って、案外、そういうものなんですよ。浪花節と義理人情です。

２０１４年、４年前のことだけれど、優秀で期待していた部下が亡くなったんです。堀（孝弘）っていうやつなんだけれど。御嶽山の噴火だった。あの日の午前11時52分、彼は１人で登山していて、噴火で飛んできたバレーボールぐらいの石に当たったんです。堀は、僕が顧問をやっていた女子ソフトボールをこよなく愛してくれて、いつも応援に来てくれていた。女子の選手たちにも慕われていて、彼が贈った手紙を胸にしまった長崎（望未）選手がホームランを打って、その年、うちのチームはリーグ優勝したんです。

祝賀会で、僕がそんな話をうちの社長にしたら、社長はじっと聞いていて……。その日の夜、私のところにメールをくれて、「オレはお参りに行きたい」。

お花と優勝の写真を持って、堀の席に手を合わせにきた。そんな社長、なかなかいないですよ。

トップが、こういう優しい温かい心を持っていると、オレたちも本当に頑張って協力するぞ、ついていこうという気持ちになる。愛社精神って、こういうところから出てくる。どれほど大きな会社になっても、トップの心は大事です。

でも、うちの社長はそれだけじゃない。

あるソフトボールの大会に家族と孫を連れて見に行ったことがある。すると、後から社長が入ってきて、すぐ前の席で観戦を始めた。家族を紹介しなきゃと思って、「社長」と声をかけたら、社長が頭を下げながら、寄ってきた。

こう言うんだよ。

「ご家族の方々ですか。私、河合さんの部下で豊田と言います。河合さんからはいつも叱られてばかりでして……」

そうして、頭を下げて、自分のキャラクターが描いてあるシールを配り始めた。小学生の孫にまで、「初めまして」……。孫が後で、言ってたよ。

「おじいちゃんの部下の人、感じいいね」って。

そんな人なんですよ。面白いことが好きなんだね。

社長もオレのことは副社長とは呼ばないな。公式の席は別だけれどね。部下もみんな「河合さん」と呼ぶ。秘書の大江さんも「河合さん」。

「副社長」と呼ぶやつはほとんどいないよ。

そうそう、なかには「オヤジ」と呼ぶやつもいる。

この間、居酒屋に行ったら、おかみが「河合さんの部下の人きましたよ」って。

「あっ、そう」って言ったら、「その人、『オヤジのボトル出せ』って勝手に飲んでいきましたよ。だめですよって言ったんだけど、いいんだ、オヤジはわかってるからって」。

いや、オレはぜんぜんわかってないよ。

「どうした？　ボトル入れて帰ったか？」

いいえ、全部飲んじゃいましたって。

そういう時だけ、オヤジと呼ばれる。

なかには、「おう」って呼びかける現場の若者もいるんだよ。

「おう、オヤジ、給料がいいんだから、コーヒーぐらいおごれよ」って。

仕方ない。現場に行くたびに、コーヒー代がかかって仕方ない。オレが「おはよう」

って元気にあいさつしても、「ああ、オヤジ、悪いけど、静かにしてくれ」と。誰も、オレに気を遣わん。気を遣っとるのはこっちだ。鍛造の風呂に入っていても、「背中ながしましょうか」なんてやつはおらんよ。「おう、オヤジ、今朝も二日酔いの酒、抜いとるのか」って。「うるせえ、ばかやろう」

みんなとはそんな会話ばっかり。


役員会にはもちろん出ますよ。発言する機会が多いのは、現場のことと、組合との折衝担当だから、労使の話かな。

「河合さんは組合寄りですね」と言われたこともあるけれど、あくまでも中立の立場で、経営陣にも組合にもまっとうな意見を言っている。他の問題でも、話を振られたら、経営陣のひとりとして意見を言う。気を遣って発言することはない。

10　モノ作りを考える

生きるか死ぬかの時代

トヨタは創業から80年が経った。そして、自動車産業はもっとも激しい変化のなかにある。２０１７年末、社長、豊田章男はこんなメッセージを出した。

「『勝つか負けるか』ではなく、まさに『生きるか死ぬか』という瀬戸際の戦いが始まっている」

自動運転、電動化、安全への対応、カーシェアリングの進展。

どの会社が生き残ることができるのか。またトヨタの現場はこれからどこへ向かおうとしているのか。

はっきりとした見通しを語ることができるのは、社長の豊田と河合のふたりだけだろう。

【河合の話】

「トヨタを取り巻く環境は今後、激変するだろう」

世間ではそう言われています。しかし、私にとっては、55年間のうちで、激変したことは何度もあったんですよ。

モータリゼーション、オイルショックだとか、排ガス規制で規制値がクリアできなかった時、リコール問題、リーマンショック……。

オイルショック頃までのトヨタは小さかったから、「いつ、つぶれるのだろうか」、「今度はもうダメか」と覚悟したことさえありました。何度もありました。けれども、諸先輩たちが危機を跳ね返して、そして今がある。

自動運転、EV化、AI、熾烈な競争が始まっていますけれど、競争に負けず、不利な立場にいても、それを力に変えて生き残る。それがトヨタです。

リーマンショックの時、初の赤字になりました。2兆円も儲けていた会社が、一気に赤字です。奈落の底へ突き落とされたんですが、3年後にはV字回復しました。私自身、海外メディアからも取材を受けました。

「どうしてこんなに早く回復できたんだ?」と。私が答えたのは次のようなことです。

「特別なことをやったわけじゃない。トヨタ生産方式にしたがって、もう一度、現場をやり直しただけです」

2002年からリーマンショックの前まで、トヨタは毎年、50万台以上もの車を増産しました。長いラインを作り、現場の人間も海外の工場へ出ていきました。だが、伸びた時がこわい。知恵や「くふう」のないラインを作ってしまった。また、どんどん複雑な機械、大型の設備を並べてしまいました。複雑な機械、設備というのは、当然、高い。そして複雑だから、いったん壊れると保全のために専門家が必要になる。

非常に複雑な設備となると、修理するにも、現場の人間ではできないから、専門メーカーから人を呼んでこなくてはならない。部品を交換するのも手間がかかる。すると、工場内に交換品、予備部品をためておくことになる。トヨタ生産方式の正反対です。修理のための部品を余分に持つようじゃ生産性は上がりません。

トヨタは生産性向上を続けることが大事だと口を酸っぱくして言っています。生産性とは、たとえば100個を10人で生産した。それが50個になった場合、5人でやれば生産性は下がらない。しかし、長いラインをひいてしまうと、100個を10人でつくっていたのを、50個になったからといって5人では回せないんです。ラインが長いから、どうしても人数がかかってしまい、6人か7人は必要になる。それで生産性は落ち、競争力が落ちる。私たちは大反省して、そして、もう一度、ラインを組み直したのです。

誰がロボットに技術を教えたか

近ごろ、私がやってきたことは手作業でつくり込むラインの構築。それも、熟練の人だけでなく、誰がやっても同じものができる手作業のライン。

トヨタ生産方式には「自働化」という言葉がある。にんべんのついた「働」は普通はあまり使いませんね。でも、にんべんの付いた「働」に意味がある。

「高品質は工程でつくり込む、もし、工程で不良が出たら、その工程、機械は止まる。動かす時には不良品が出ないための対策ができている」

にんべんのついた自働化とはそういうことです。そして、それを手作業のラインでいま、やろうとしている。大きな複雑な工作機械は使わない。消費電力もなるべく少なくするために、重力を使った搬送装置を作る。からくりですね。電力で物を動かすのではなく、からくりで品物を動かす。

メディアの方が私のところへ来て、「これだけロボットが進化しているのに、どうして今頃、手作業なんですか」と言う。

私は切り返して言います。

「では、誰がロボットに技術を教えたの？」と。

私が入社した頃、全部、手作業だった。腕のいい職人、匠（たくみ）が大勢、いました。これからは腕のいい匠とも言える作業者の技を数値化して、ロボットに伝える。すると、ほぼ同じものを作ることができる。ですから、いつになってもやっぱり腕のいい職人が必要なんです。機械やロボットが勝手に自分で一番いいやり方を考えて、技術を進歩させたわけじゃないんだ。手作業のラインで高いレベルの腕を持った人を育てるのが、トヨタの現場にとって必要なんですよ。

もうひとつ、手作業のラインのいいところは突き詰めていくと、シンプルでスリムでフレキシブルなラインになること。

部下には厳しく言ってます。

「いいか、シンプルにしてからスリムにしろよ。小さくても複雑なものになってしまったら、余計に手がかかる。まずはシンプルにする。そうすれば、ちゃんとスリムになる」

僕は「トヨタ生産方式って何?」と聞かれるたびに、いつも言っていることがある。ここまでにも再三、言っているけれど、こういうことです。

「モノは、モノが売れるスピードで形を変えながら流れてくる」

形を変えていないのは、付加価値がないこと。例えば溶接屋なら溶接で火花が出た瞬間だけが仕事で、あとの道中の動きには、付加価値はない。形を変えるってことが仕事だ。

そして、売れるスピードで作る。売れもしないのに、作っても意味はない。流れていても、形が変わっていなければ意味はない。単なる物流なんて何の付加価値もない。検査だって、工程のなかで作り込めば不必要だ。むろん検査はやるけれど、うちはラインのなかで徹底的に作り込む。自働化で不良品が後の工程に流れていかないようになっている。

僕は手作業のラインがもっとも人間性尊重のラインだと思っている。そこで働く人間は自分で考えて、自分の手で作っている。ＡＩもいい、ロボット化もいい。しかし、何も考えずに、ただ監視するためだけにラインに人を配置するのは失礼だと思っている。人間は「責任持って頼むぞ」と言われると、よし、お客さんのためにいい仕事をしなきゃいかんと思うもんですよ。昼寝しながらやれるような仕事を作ったら、かえって危険です。

車を運転していても、40キロ制限の道をずーっと40キロで走っていたら、注意が散漫になる。少しはアクセルふんだり、ブレーキを利かせたりしながら走るから緊張感が出る。

世界中の工場で同じことをやる

世界の工場も、時々は見に行っています。日本の工場よりも進んでいるところ、いくつもありますよ。たとえばインドネシアの工場では、まさしくトヨタ生産方式が形になっている。特に、鋳物のところです。

エンジンのラインで鋳物の炉、そして、加工と組み付けとが1本になっている。エンジンの鋳物はたいてい、大きな鍋で溶かした大量の湯を、型にだーっと流し込んで作っていた。ところが、インドネシアの工場は違う。アルミのインゴットを1個、ぽとんと電気炉に入れると溶けるでしょう。それで1個作る。流れていくと、余分なアルミのバリが出るでしょう。成形する時、バリを落としたら、すぐに炉に戻るようになっている。必要なものを必要な分だけ作る、画期的なラインです。

この考え方と設備設計は本社の人間がやったのだけれど、現地のインドネシア人も難なく使いこなしている。これからこういうスタイルにどんどん変わっていきますよ。

海外に行って、トヨタ生産方式の話をすると、現場の人間はみんな、よく理解してくれますよ。日本でも現場で説明するとみんなわかる。事務所の人間に文字だけで説明すると「わからない」と言う人が出てくる。トヨタ生産方式は現場で理解するものなんですよ。

今、全世界の工場で競い合いながら、生産性を上げる活動をあらたに始めました。毎年3パーセント、生産性を上げていく。つまり、日々のカイゼンですよ。生産性を上げるのではなく、上げ続ける。それがトヨタ生産方式です。

先日、ロシア、フランス、チェコ、ポーランドの工場を回ってきたのですが、どこでもからくりを使ったカイゼンを始めている。省資源、省エネルギーのカイゼンです。部品の自重で搬送する装置ですね。どこの国の工場もそれに取り組んでいる。ああいうからくりは自分たちで発明するでしょう。自分たちの仲間が発明したものだから、すぐに現場で採用しようという気になっていく。日本から「こういうからくりでやれ」と言っても、楽しそうではない。昔、僕が反対番の人のためにカイゼンしたのと同じことです。仲間のためにやることが楽しいんですよ。仲間の喜んでくれる顔を見ると意欲が湧く。

会社に言われて押し付けられるのではなく、自分たちで作るとおもしろくなる。上から、「やれ」と言われると、つまらないものに見えてしまう。世界中、どこの人もそうですけど、自動車工場で働きたいという人は、自分で作る楽しさに触れると、とたんにやる気になりますね。

からくりって、モノ作りの原点ですよ。考える楽しさがあるし。

トヨタは2050年にはCO_2ゼロにするという宣言をしました。自然エネルギー、リサイクルのエネルギーを使って工場を運営していくということですよ。極端に言えば、搬送という付加価値のないところに動力なんか使ってちゃいかん。搬送をなくす、縮める、あるいはからくりを使う。

もうひとつは設備の小型化ですね。そうすれば消費電力は少なくなる。例えば、5千トンのプレスがあるとする。これまで5千トンで打っていたものを3千トンのプレスで打つといったように。小さくすれば機械のモーターも小型になるから省電力になる。以前は設備を更新すると言えば何でも大きくしていたけれど、そのやり方では省資源、省エネルギーにはならない。機械、設備を小さくして、新たに工法を考える。現場でやることはいくらもある。

鍛造プレスでも、今は大きい力でドーンと打っているけれど、昔はそれほど性能のいい大型プレスはなかった。せいぜい２５００トンの機械だから、大きなものは打てなかった。大きなものを打つときには何度も打って、少しずつ変えていくしかなかった。ただし、技能はいる。

人力でやっていたのだけれど、それをロボットに置き換えれば自働化できる。ロボットにするためには腕のいい職人を養成して、その技能をロボットに教えるしかない。結局、匠の技はいつまで経っても必要なんです。

世界中でそういうことをテーマにしてやっています。そうしないと、CO_2をゼロにするなんて言っても、簡単には実現しないんですよ。

電動化について

ＥＶになると部品が少なくなる。これまではエンジン内でガソリン、軽油などの燃料を爆発させて、車を走らせていた。それが電気の力でモーターが回るから、エンジンと燃料が不要になる。車のボンネットを開けて見えるほとんどの部品はいらなくなって、代わりにモーターと大きな電池を積むといったイメージになる。

エンジンがなくなると、エンジン本体、変速機、燃料タンク、オルタネーター（エンジンの回転で発電させ、エアコンなどの電力を生む装置）などがいらなくなる。

モーターで走る場合に必要になるのはモーター本体、大きな電池、ＦＣスタック、水素タンク（燃料電池自動車の場合）。燃料電池車もＥＶですからね。

エンジンがないのだから、鋳造部品、鍛造部品は減るでしょう。だが、すべてがなくなるわけではない。特に鍛造部品は動力部分が変わっても足回りからは外せない。

トヨタはこれまでモーターの実績がないと言われているけれど、ハイブリッドのプリウスも、燃料電池自動車のＭＩＲＡＩもモーターを使っています。モーターは本社の機械工場、衣浦工場で作り、アイシンＡＷもやっている。バッテリーだってパナソニックから応援いただいたり、内部でもやっていますよ。

モーターにすると、加速はいい。エンジンよりもモーターの方がスムーズな感じがするね。モーターはアクセルをふんだとたん、回転数が一気に上がるから。一方、エンジンは上下運動を回転に変える。反応に少し時間がかかる。

また、モーターは気圧の影響を受けない。だから山の上まで走っていくことはできる。ただし、山の上に充電インフラがなければ困る。その点、エンジンならば山小屋に燃料があれば戻ってくることができる。

ＥＶの問題点は電池だ。走行距離をのばしたり、重い車体を動かすには、より大きな電池が必要になるし、電池には希少金属が多く使われているのでコストも高い。

問題はバッテリーをどれだけスリムに、小型に、しかも安く作れるかにある。どこの会社のＥＶも目いっぱい電池を積んでいるから車重が重くなっているでしょう。

電池の開発が勝負。小さくなれば軽くなる。軽くなれば走行距離がのびる。

もうひとつ、電池で心配なのは、劣化です。

時間が経つにつれて、４００キロ走れるはずなのが、２００キロになってしまったら、困るでしょう。遠くまでドライブに行って、道路で事故をやっていて渋滞したとする。真夏だったら、「電池が心配だからエアコン、切らないかんよね」となるかもしれない。

そういう状態が起こったら、実用にならないでしょう。ハイブリッドの場合はガソリンもあるから、ガソリンさえ入れておけば安心だ。

いずれにせよ、どこの会社も電池の開発に必死になっているのだから、うちも負けるわけにはいかない。現場の力が試されます。

11　現場で働き続ける

「チーム」であり「同志」

２０１６年、社長の豊田章男はステークホルダーに向けて次のようなメッセージを伝えた。チームワークの重要性を強調し、わかりやすい言葉で語ったものだ。

「豊田喜一郎の『志』に共鳴した多くの仲間と、『おらが郷土のクルマ』との想いで、国産車を支えてくださったお客さまや、投資家のみなさま。

多くの方々に支えられて、日本に自動車産業が生まれ、今日まで、発展を続けてまいりました。

しかし、創業から80年が経とうとする今、自動車産業は大きな転機を迎えています。

グーグルやアップルといった新しいライバル。

人工知能、ロボティクスといった新しい技術。

クルマは、人やコミュニティとつながり、社会システムとしての役割が期待されております。

（略）

今の私たちには『どのようなモビリティ社会を実現していくのか』というビジョン、哲学が問われているのだと思います。

そして、その実現には、共感してくれる仲間が必要です。

ここ数年、スバル、マツダ、ＢＭＷといった、ライバルとの協業が加速しております。

スズキとの提携交渉も始まりました。

企業活動も、すべては人の営みです。

違う道を歩んできた人たちが一緒にやるということは、そんなに簡単なことではありません。

50年という長い年月を一緒にやってきたダイハツとの関係でさえ、うまくいかないことの方が多いのです。

（略）

『社長室』というと、一般的には、『最終決裁』、いわゆる『お墨付き』をもらう場所かもしれません。

そういう目で見ると、私の『社長室』は『変わっている』と思います。

私は、『社長室』を『同志がつどい、相談する場所』にしたいと思っております。

『志』が同じなら、そこには、『上から目線』も『下から目線』もない。お墨付きをもらう必要もなければ、アピールする必要もありません。

困った時には相談をする。迷った時には、ゆく道を確認する。たまには冗談を言って笑い合う。

私が体育会系なので、『部室』に近いかもしれません。『志』が同じだからこそ、思い切って、新しいことに挑戦できる。

新しいことに挑戦するからこそ、根っこにある『志』を再確認する。社長室がそんな場所になった時、トヨタは大きく変わると思います。

きょう、私がみなさんと確認したかったことはひとつです。

ここにいる私たちは、ずっと昔から『チーム』であり、『同志』だということです。そして、それは、これからもずっと変わらないということです」

豊田章男の言葉を目で追って読んでいると詩のように感じる。どこか、ジョン・レノンの「イマジン」を思い起こさせる理想主義の気配が漂う。豊田はチームワークで仕事をしよう、いつでも社長室に来てくれと言っている。

そして、彼の言葉の手本は、河合と河合が働くトヨタの現場だ。上から目線もなく、河合にお墨付きをもらいに来る部下もいない。仕事の時は緊張しているけれど、それ以外は冗談の連続である。一流企業の職場で、これほど洒脱な雰囲気があるところは他にない。

河合は副社長だからと言って、部下にエラそうにすることはない。部下も河合を尊敬しているが、ことさらに頭を下げたりしない。鍛造の、工場の同志としてコミュニケーションしている。しかし、いったん、河合が「とりかかれ」と号令をかけたら、一糸乱れず、現場のメンバーが動く。

「お前たち、これはやらなくていい。横を向いてろ」と言えば、誰もが現場を離れる。

トヨタの現場には同志が集まっている。

【河合の話】

女の先輩に仕事を教わった

今度、「生え抜きでは初めての女性常務役員が出た」と話題になっているけれど、トヨタは昔から女性が多く働いていた会社なんです。

確かに僕が入った頃にはほとんど女性はいなかった。事務所にはいたけれど、生産現場で女性がいたのを見たことはない。

だが、戦時中の本社工場の写真を見ると、男たちは兵隊に行っていたから、女性が働いていた。僕の先輩たちも「昔、女の先輩に仕事を教わった」と言っていたもの。だいたい、僕が入った頃にはまだ「戦争に行っていた」という人が大ぜい、いたからね。

今、うちの現場は女性でも働きやすくなっているんですよ。男よりもかえって元気だし、「身体を使った方がヘルシーだ」という人さえいる。女性の働き手はどこの職場も増えていきますよ。

年金はまだもらってない

トヨタで働いて60歳以上になると、『さわやかさん』という冊子を送ってくるんだよ。なかを開けたらさ、「免許はいつ返納されますか」という広告がまずバーンと載っていた。次に「生前に葬儀を予約すると10パーセント、割り引きます」と。その次のページは相続の相談……。

本文の記事には会社を定年退職した、俺の後輩たち、つまり、さわやかさんたちがニコニコ笑って優雅に遊んでる姿ばっかり。

「ゴルフを楽しんでます」、「毎日、妻と散歩して、健康づくり」……。

読んでいて腹が立ってきた。お前ら、オレより5歳も6歳も若いくせして、何をやってるんだ、と。こっちは毎朝、6時に出社して、ばりばり働かされて、若いやつらには「オヤジ、二日酔いか?」とおちょくられて……。

でね、豊寿会という集まりがある。会員はトヨタ自動車を組合員で定年退職した人たちです。1万人くらいはいるかな。それぞれカラオケ、囲碁将棋、写真、それから愛石(あいせき)

会とか。まあ、いろいろな同好会を作って活動しとるわけだ。

愛石会って、人気あるんだよ。川へ石を拾いに行って、石を磨いて形を作って飾る。習字や絵画もあった。優雅な集まりなんだよ。それで、オレが専務になった時、豊寿会の事務局から頼まれたんだ。

「河合さん、これまで豊寿会総会で、会社代表としてあいさつするのは、事務系の副社長だった。でも、今年は技能系の河合さんが専務になったのだから、やってください」

よし、やろうとOKして、名簿を見たら、豊寿会の会長も役員もみんなオレの後輩で、年下なんだよ。おかしいだろ。ほんとなら、オレが向こう側にいて、年下の後輩からあいさつを受ける立場じゃないか。それなのに、年上のオレが「えー、豊寿会のみなさん、お元気で何よりです」なんて、しゃべっていいのか。

考えてみたら、オレは15歳から働いて、今も働いて、年金を払ってる。一方、後輩はオレが払った年金で優雅に写真を撮ったり、ゴルフやったりして遊んどる。

「お前ら、先輩を働かせて、なんで石を磨いたり、旅行に行ったりしとるんだ」と怒鳴ってやろうかと思ったけれど、やめた。

そうなんだよ。専務、副社長と言ったって、年金はちゃんと払ってる。

まだもらってない。

エピローグ

河合が専務役員になった翌朝のことだ。

彼はいつもと同じように鍛造温泉に入って、身体を温めた後、自分の職場である工場に出ていった。入り口をくぐって、いつものように通行帯を大股で、速足で歩いていく。

「おはよう」とあいさつしたら、職場の若い作業者から「オヤジ！」と声がかかった。

「おう」と答えたら、また「オヤジ！」と声がかかる。

「オヤジ！」という声が続いた。すると、遠くの方から、ひときわ大きな声で「にっぽんいち」と怒鳴った男がいた。はねっかえりの若者で、いつも、河合のあいさつに「うーすっ」としか答えない男だ。その男はもう一度、大きく息を吸って、「日本一っ」と怒鳴る。

掛け声は「日本一っ」に変わった。

声のなか、河合は工場のなかを歩く。顔色は変えない。オヤジだから、涙をこぼすわけにはいかない。

「うるさいっ、黙れ」と言いたかったけれど、声は出てこなかった……。


「エピローグ。どうですかね？　こんな感じで？」

文章を示して河合に聞いた。

「こんな感じのことがあの日、起こったというのがわたしの想像なんですが……」

文章を読んだ河合は険しい顔で、腕を組んだ。

「いや、ちょっと違うな」

「どう違うんですか。感動のシーンはないんですか？」

わたしは河合に迫る。

「いや、最初のところはあってる。おはようとあいさつしたら、すぐ、オヤジ！　という声がかかった。それは本当だ」

「じゃあ、いいじゃないですか、感動のシーンが続くのだから。で、その後はどうだったんですか？」

河合は腕を組みなおす。うむ、と言って、首を振る。

「あれを感動というのかな?」

それから説明してくれた。専務になった翌朝の工場での話である。

エピローグの書き直し

【河合の話】

工場に行って、「おはよう」といつものようにあいさつしたら、「うーすっ」としか言わんやつが「オヤジ！」と声をかけてきた。

専務おめでとうと言われても、照れるな、ちょっと困るな、と思ったんだ。

そうしたら、こうだった。

「オヤジっ、給料上がったのか。よし、コーヒーおごれ」

ばかやろうと思ったけれど、まあ、仕方ない、千円札出して、「缶コーヒーな。みんなで飲めよ」と。

それで、「つりは持ってこい」と言ったら、やれやれという表情をして、「オヤジ、ありえん。ケチケチするな」……。

これがほんとの話だ。あいつら、まったく、ちっとも気を遣わん。専務、副社長とも呼ばん。オヤジの権威もなくなった。オヤジにとって冬の時代だよ。それから、会うやつ、みんな、「河合さん、コーヒーおごれ」だ。

まったく、オレは自動販売機じゃないんだ。


そして、この間、後輩で専務になった田口が「みんなが河合副社長と飲みたがっている」と言ってきた。それで、飲み会をやったんだよ。豊田市の「祭」って居酒屋だ。副社長になると、会社の車に乗らなきゃいけなくて、人事が「河合さん、センチュリーに乗ってくれ」と。いい車なんです、センチュリー。でもね。名古屋近辺の葬祭場では、センチュリーは多いんですよ。霊柩車、亡くなった方はいい車でお見送りしないといかんからね。

それで居酒屋にセンチュリーで行ったら、髪の毛の薄い後輩たちが集まっていた。人が見たら、お坊さんだと思うよ、あれ。

僕がいちばん年上なのに、髪の毛は黒いし、ふさふさしてる。

居酒屋についていったら、入っていったら、開口一番、こう言われた。

「どうした？　オヤジ、センチュリーか？」

「おお、今度のはいいぞ。うらやましいか？」

「いや、オヤジ、とうとう霊柩車が迎えに来たな」

何を言っとる。まあ、祝いの会だから、いいか、と。さんざん飲み食いして、バカ話をして。店を出ようとしたら、後輩たちが「お見送りします」と出てくる。

嫌な予感がしたんだよ。

センチュリーに乗りこんだら、頭の薄いやつらが、揃って手を合わせとる。

田口が頭を下げて、静かな声で言った。

「出棺です」

バカヤローって、窓を開けて怒鳴ったんだよ。そうしたら、オレのドライバーも調子に乗りやがって、「河合さん、ホーン鳴らしましょうか？」って。

お前、ケジメ付けるぞって言ったんだけど。

しかし、あいつら、近いうちにケジメつけなきゃいかんな。

まあ、考えてみればこれもまた感動のシーンかもしれん。

河合さんの手はつるつるだけれど、やけどの跡が今も残っている。

「手はもちろん、首とか胸にやけどするんだ。焼けた鉄のチップが飛んできて、作業着の胸元から入ってくる。やけどは仕方ない」

職人の手はごつごつしているものかと思ったけれど、一流の職人の手はしなやかで、ピアニストのようだ。しなやかで、やわらかでないと、細かい細工ができないからだろう。

野地秩嘉　1957(昭和32)年、東京生れ。早稲田大学商学部卒。ノンフィクション作家。『サービスの達人たち』『イベリコ豚を買いに』『高倉健ラストインタヴューズ』『トヨタ物語』など著書多数。

Ⓢ新潮新書

768

トヨタ 現場の「オヤジ」たち

著　者　野地秩嘉

2018年6月20日　発行
2023年4月30日　4刷

発行者　佐藤隆信

発行所　株式会社新潮社
〒162-8711　東京都新宿区矢来町71番地
編集部(03)3266-5430　読者係(03)3266-5111
http://www.shinchosha.co.jp

印刷所　株式会社光邦
製本所　株式会社大進堂

ISBN978-4-10-610768-9 C0234

価格はカバーに表示してあります。